智能光电信息处理与传输技术丛书

视频序列中的人体行为识别方法

黄仕建　杜得荣　李　阳　著

中国科学技术大学出版社

内 容 简 介

人体行为识别是计算机视觉领域中的一个重要研究内容，本书针对视频序列中的人体行为，分析和探讨了六种人体行为识别方法。全书首先分析了人体行为识别的研究背景、意义以及问题描述和定义，梳理了当前的研究现状及未来技术的发展趋势；然后分析了基于兴趣点上下文结构信息、判别时空部件、低秩行为特征和深度神经网络的几类行为识别方法。本书内容丰富，理论与实践并重，针对性和系统性较强。

本书可作为高等院校电子信息科学与技术、信息与通信工程、计算机科学与技术、自动化及相关专业本科生、研究生的参考书，也可供对人体行为识别技术及应用感兴趣的研究人员和工程技术人员阅读参考。

图书在版编目(CIP)数据

视频序列中的人体行为识别方法/黄仕建，杜得荣，李阳著. —合肥：中国科学技术大学出版社，2022.11

(智能光电信息处理与传输技术丛书)

ISBN 978-7-312-05526-3

Ⅰ. 视… Ⅱ. ① 黄… ② 杜… ③ 李… Ⅲ. 人体—行为分析—自动识别 Ⅳ. TP302.7

中国版本图书馆 CIP 数据核字(2022)第 180877 号

视频序列中的人体行为识别方法

SHIPIN XULIE ZHONG DE RENTI XINGWEI SHIBIE FANGFA

出版 中国科学技术大学出版社
安徽省合肥市金寨路 96 号，230026
http://press.ustc.edu.cn
https://zgkxjsdxcbs.tmall.com

印刷 安徽省瑞隆印务有限公司

发行 中国科学技术大学出版社

开本 710 mm×1000 mm 1/16

印张 9.5

字数 202 千

版次 2022 年 11 月第 1 版

印次 2022 年 11 月第 1 次印刷

定价 56.00 元

前　言

视频序列中的人体行为识别技术广泛应用于智能交通、视频监控、人机交互、视频检索、运动合成和军事等领域，具有十分广阔的发展和应用前景，并已成为人工智能时代推进社会信息化、智能化的一项重要支撑技术。

经过广大研究人员的长期努力，人体行为识别技术已经取得了丰硕的研究成果，其中部分成果已经应用到了实际生活当中。然而由于人体行为本身的复杂性和目标人体所处环境的多样性，人体行为识别技术仍然存在很多极具挑战性的难题亟待解决。为此，本书立足视频序列中人体行为的行为表达与行为识别，对六种人体行为识别方法进行了分析和探讨。

全书共分为7章。第1章概述了人体行为识别技术的研究背景、意义、现状、热点和发展趋势；第2章探讨了人体行为兴趣点上下文结构信息的提取及其行为识别方法；第3章分析了人体行为的判别时空部件提取方法及其行为识别方法；第4章分析了人体行为的低秩特征提取方法以及基于该特征的行为识别方法；第5章探讨了一种基于行为低秩特征中判别部件学习的行为识别方法；第6章探讨了一种基于时序行为低秩特征和字典学习的行为识别方法；第7章构建了一种基于混合神经网络的行为识别方法。

在本书撰写过程中，笔者得到了相关专家的大量指导和帮助。笔者在重庆大学攻读博士学位期间，导师汪同庆教授、叶俊勇教授给予了大量课题资源支持，这些资源为本书奠定了重要基础。吴雪刚博士、赵国腾博士、孙昌波博士和李宏友博士为本书提供了帮助。笔者工作单位的贺国权教授提供了大量写作指导，李松柏教授、党随虎教授、谭勇教授和严文娟副教授给予了本书写作指导和经费支持，蒋丽老师为本书提出了许多宝贵建议，研究生岳帆为本书的撰写和校对提供了大力支持。合作者杜得荣副教授、李阳博士直接参与了本书部分章节的撰写工作。另外，本书还参考了国内外相关研究者的成果并引用了其中部分内容。在此一并表示由衷的感谢!

由于笔者学术水平和能力有限,书中难免有不足和错漏之处,恳请读者和同行专家提出宝贵的意见和建议。电子邮箱为 huangshijian@yznu. edu. cn。

黄仕建

2022 年 5 月

目　　录

第1章　绪　　论

1.1　人体行为识别的背景和意义

眼睛是人类最重要的感觉器官，人们从外界接收的各种信息中80%以上是通过视觉获得的。通过视觉，人和动物感知外界物体的大小、明暗、颜色、动静，获得对机体生存具有重要意义的各种信息。

人们往往通过视觉获取外界的人体行为信息，然后通过大脑分析这些信息可以很轻松地对人体行为进行识别。随着社会的发展和科学技术的不断进步，人们也希望计算机能够更加智能化，可以识别人类的行为，从而可以更加便利地服务于人们的生活。计算机识别人体行为的过程在一定程度上也类似于人脑的行为识别过程。首先通过摄像头获取人体行为的视频信息，然后计算机通过一定的信息处理识别出人体的行为。相比人类处理行为信息，处理的数据量有限且效率低下，计算机可以高效率地处理大量行为数据，且随着计算机技术的进步，在处理行为数据的准确率和效率方面还可进一步提高。基于计算机视觉的人体行为识别的目的是从一组包含人体行为的视频序列中检测、跟踪人体，并对其行为进行识别和理解。近年来，该课题已经成为相关领域的研究热点，并被国内外所广泛关注。国外已有许多科研机构及相关公司，如麻省理工学院、卡内基梅隆大学、马里兰大学、雷丁大学、利兹大学、微软公司和IBM公司[1-3]等都很早就专门设立了人体行为识别的研究方向。国内也有许多高校和研究机构，如亚洲微软研究院、中国科学院自动化研究所、北京大学、清华大学以及重庆大学等，也对人体行为识别技术进行了深入的研究。虽然国内在该领域的研究起步相对较晚，但发展潜力巨大。

人体行为识别的研究内容非常丰富，主要涉及计算机视觉、计算机图形学、模式识别、信号处理、人工智能等多学科知识，已成为相关权威期刊和国际会议上的讨论热点[4-10]。国际权威期刊和会议主要有 *IEEE Transactions on Pattern Analysis and Machine Intelligence*（TPAMI）、*International Journal of Computer Vision*（IJCV）、*IEEE Transactions on Image Processing*（TIP）、*Pattern Recognition*（PR）、*Computer Vision and Image Understanding*（CVIU）、

International Conference on Computer Vision（ICCV）、*International Conference on Computer Vision and Pattern Recognition*（CVPR）、*European Conference on Computer Vision*（ECCV）、ACM *International Conference on Multimedia*（ACM Multimedia）等。国内也有很多会议和期刊设置了专版或专刊收录人体行为识别领域的优秀论文，比如《自动化学报》《模式识别与人工智能》等。国内外各期刊会刊对人体行为技术的广泛报道表明了该技术具有重要的理论价值和学术研究意义。

人体行为识别研究在具有重要理论价值的同时，还具有广阔的应用前景和巨大的经济价值。人体行为识别技术主要可以应用在智能视频监控、智能人机交互、视频检索、运动合成等领域。图 1.1 展示了人体行为识别技术的几个应用示例。

(a) 智能视频监控

(b) 智能人机交互

(c) 视频检索

(d) 运动合成

图 1.1　人体行为识别技术应用示例

1. 智能视频监控

和平与发展是当今世界的主题，但恐怖主义仍是人们生命财产安全的重大威胁。为此，世界人民和各国政府都高度重视反恐斗争，并积极研发新一代智能视频监控系统。希望将人体行为识别技术应用到安防监控系统中，实现智能视频监控。智能视频监控系统可以应用在机场、奥运会场馆、地铁、博物馆、银行等对安全要求较高的场所，其目的是对人们的行为进行实时分析，特别是及时发现可疑行为并发出警报。近年来，我国在大型商场、火车站等公共场所都安装了大量视频监控设备。然而，之前安防监控的主要思路是首先通过视频监控设备获取人们的行为信息，然后通过工作人员对视频信息的辨认达到对各种行为信息的分析以及对异常行为的检测。这种人工的行为分析方式效率低下，且在工作人员出现疲劳时容易发生错误以及对异常行为的疏漏。计算机视觉技术的进步，让计算机代替人工完成智能视频监控成为可能。目前，国内外已经有公司推出了具有简单的人体行为识别功能的智能视频监控产品，如以色列的IOI公司、美国的Object Video公司等都已经针对机场、国界线等应用场合推出了包含人体检测跟踪及简单行为识别的监控系统。虽然这些产品还只能进行简单的人体行为分析，但将人体行为识别技术应用到安防监控系统中将是未来智能视频监控的发展方向。

2. 智能人机交互

人与人之间的交互主要通过语言和行为感知来完成。目前，人与计算机的交互主要通过键盘和鼠标等输入设备来实现。触摸屏的发明为人与计算机的交互提供了一种更加便利的方式。随着社会的发展和人们生活水平的提高，人们希望以一种更加自然的方式与计算机进行交互。那便是计算机能够听懂人们的语言，能够识别人们的行为。前者属于语音识别的范畴，也有相当多的研究人员对其进行研究，后者属于人体行为识别的范畴。相比语音识别中每种语言都有固定的字和词，人体行为呈现出多样性、不确定性和复杂性。因此，要计算机准确识别出人体行为，特别是复杂人体行为，难度非常大。当前已有大量研究人员和公司投入到人体行为识别技术及智能人机交互技术的研究当中。微软在2010年6月14日将Xbox 360体感周边外设正式命名为Kinect。伴随Kinect名称的正式发布，Kinect还推出了多款配套游戏，包括Lucasarts出品的《星球大战》、MTV推出的跳舞游戏、宠物游戏、运动游戏Kinect Sports、冒险游戏Kinect Adventure、赛车游戏Joyride等。该型设备摒弃了游戏手柄，通过红外投影结构光编码实现对人体各部位运动轨迹的跟踪及人体动作的识别，同时融合了人脸识别技术、语音识别技术，表现出较强的人机交互能力。但该型设备对动作执行者展示动作的场景、距离等都有一定的要求，从而使其应用范围也受到了一定的限制。

3. 视频检索

网络上每天都会产生大量的视频数据。这些视频数据大都有文本标注，以方便人们查询和检索。传统的视频检索技术并不能实现对视频内容的检索，通常是对文本标注的检索。但对于某些视频文本标注不准确，或缺少文本标注，比如一些包含色情、暴力内容的视频往往通过奇怪的文本标注或者不进行标注来掩饰自己的身份，此时传统的视频检索技术将受到极大的影响，难以正确检索出它们。而将人体行为识别技术运用到视频检索中，可实现基于视频内容的视频检索[11-12]，这将大大改变传统的视频检索技术，将更加方便地检索出人们自己需要的视频，也将让包含色情、暴力等不良信息的视频无处遁形。

4. 运动合成

人体行为识别技术在运动合成领域也有重要的应用,比如3D电影、虚拟现实、动漫制作。例如,《阿凡达》《猿族崛起》等3D电影带给了影迷朋友们强大的视觉冲击,然而这些电影里的人物形象绝非真实的人物扮演,而是首先通过采集真实演员的行为信息,然后通过电脑进行运动合成,以使阿凡达和猿族等的形象与动作惟妙惟肖,给人以无限的视觉享受。另外,该技术在虚拟现实和动漫制作等方面,也有类似的应用。该技术的运用让动漫人物和虚拟人物拥有逼真的动作表现[13]。

5. 智能交通

智能交通系统旨在通过人、车、路的和谐和密切配合提高交通运输效率,缓解交通阻塞,提高路网通过能力,减少交通事故,降低能源消耗,减轻环境污染。智能交通系统通常包含车辆控制系统、交通监控系统、运营车辆管理系统、旅行信息系统,其中人体行为识别技术可以为车辆控制系统和交通监控系统提供技术支撑。在车辆控制系统中,人体行为识别技术可以为驾驶员提供辅助驾驶,能够根据车辆前方的行人情况控制车辆的启停和转向;在交通监控系统里,人体行为识别技术可以为系统提供道路口实时的行人通行以及异常情况信息,帮助监控系统做出科学的管理决策。

上述分析表明,人体行为识别技术正蓬勃发展,并正改变着人们的生活。紧跟国际发展前沿,把握技术发展潮流,结合国民经济发展与人们生活需求,积极开展人体行为识别技术研究,提升其应用层次,拓展其应用领域,正当其时。

1.2 人体行为识别的定义

计算机视觉中对人体行为的定义可大致分为四种类型[14],包括个体姿态、个体行为、交互行为、群体行为。其中个体姿态是指人体某个部位的基本动作,如“抬胳膊”“伸手臂”“踢腿”等。个体行为是指单个人体连续完成一系列个体姿态所形成的行为动作,如“跑步”“击掌”“跳跃”等。交互行为是指人与物之间的交互或人与人之间的交互,如“拨打电话”“拥抱”“握手”等。群体行为是指一群人参与的行为,如“打群架”“群体游行”等。按照各类行为动作持续的时间长短,又可将其分为短时间周期行为和长时间周期行为。本书主要针对短时间周期的个体行为和简单交互行为的特征提取与表达及相关行为识别方法进行研究。因此在本章中提到的“行为”在没有特别指明的情况下都是指“人体行为”。

人们在识别各种人体行为动作时，首先会对各类人体行为进行学习并形成记忆，当遇到一个新的人体行为时，人们会将该行为与记忆中的各种行为进行比对来判断和识别该行为属于哪一类行为。在计算机视觉中，研究人员通常将人体行为识别问题视为模式识别问题，并将其分为行为特征提取与表达和行为分类两个主要步骤。其中，行为特征提取与表达是指从视频序列中提取具有判别力的、能很好描述视频中人体行为的特征，并将这些行为特征表达成一串向量或一个矩阵以便于后续的行为分类。该阶段是行为识别中至关重要的阶段，行为表达的好坏直接影响到整个识别系统的识别性能及鲁棒性。行为分类主要涉及分类算法的设计，较为常用的分类算法包括支持向量机（support vector machine，SVM）、隐马尔可夫模型（hidden Markov model，HMM）、K 最近邻（K-nearest neighbour，KNN）、人工神经网络（artificial neural network，ANN）等。图 1.2 展示了人体行为识别的基本系统框图。其具体过程是，首先将收集到的人体行为视频数据定义为若干行为类别；之后对视频序列中的行为信息进行特征提取与表达，并形成训练样本数据；然后对训练样本数据进行学习，并对分类器进行训练；最后将测试视频数据输入到训练好的分类器中进行识别，分类器将会给出测试视频数据的类别标签。本书也将遵循这一思想，将人体行为识别视为模式识别问题，并对人体行为识别中的行为特征提取与表达及相应的行为识别方法展开研究。

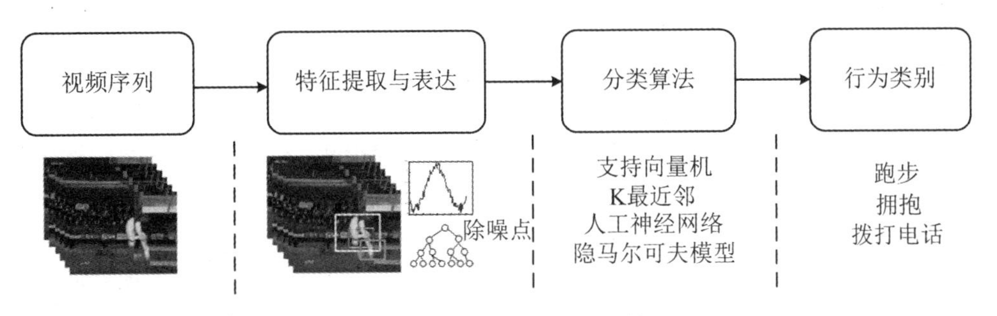

图 1.2　人体行为识别基本系统框图

1.3　研究现状概述

如前所述，行为特征提取与表达和行为分类是人体行为识别技术的两个主要步骤。经过数十年的发展，研究人员已提出了大量行为识别方法[15-23]，并在行为特征提取与表达和行为分类方法上取得了丰硕的成果。本节将从这两方面入手，介绍人体行为识别技术的研究现状。

1.3.1 行为特征提取与表达

在实际应用中,针对不同的应用场合,视频获取设备采集到的人体细节程度也不同。比如在监控机场、车站等大空间场所,摄像头安置的距离往往较远,以便获取更大范围的群体行为信息。在这类视频中,人体数量多,单个人体占视频画面面积较小,视频中无法清晰地分辨单个人体的四肢。此时可将人体视为一个质点,通过对人体质点的轨迹进行提取和表达,可以实现对这类人体行为的识别。又比如在玩体感游戏时,人体离摄像头较近,在视频画面中可清晰地分辨出人体的四肢甚至表情。此时,可以通过对人体四肢运动信息的提取和表达来实现对玩家行为的识别。总之,可以根据不同的应用场合和视频中人体行为的表现,选择合适的行为特征提取与表达方式。

本书针对的视频对象主要是视频获取设备距离适中,视频画面中能分辨出人体四肢运动情况的视频数据。对于这类视频数据对象,其行为特征提取与表达方式可大致分为三类:基于人体模型的行为表达、基于全局特征的行为表达和基于局部特征的行为表达。

1. 基于人体模型的行为表达

作为一种非常直观的行为表达方法,对人体模型的研究最早可追溯至1973年心理学家Johansson展开的视觉运动感知实验[24]。实验中,实验人员身体的主要部位被附上可记录的亮点。随后实验人员被置于完全黑暗的环境下活动,通过记录亮点的运动信息来识别实验人员所做的动作,如走路、跑步等。之后又有研究者对其做了后续研究[25],并发现人体关键部位的相对运动、姿态的时域变化等也可表达和区分人体行为。如图1.3所示,早期的人体模型主要采用二维人体模型,包括棍图模型[26]、Blob模型[27]和矩形块模型[28]。这些模型主要将人体简化为几个关键部位点,然后从视频序列中对这些部位点进行定位与跟踪。但是当存在遮挡或在复杂背景下时,通常难以准确地、有效地定位和提取这些人体的关键部位点。2008年,Felzenszwalb等人[29]提出可变形部件模型(deformable part model,DPM),并将DPM模型用于物体识别。该模型能有效提高遮挡情况和复杂背景下人体模型的鲁棒性。Cho等人[30]又将DPM模型用于行人检测,并在Caltech Pedestrian数据库上取得了最好的实验效果。然而DPM模型需要事先训练部位检测器,这需要耗费大量时间。

如图1.4所示,一些研究者将二维人体模型扩展到三维人体模型,主要包括三维骨骼模型[31]、几何柱体模型[32]。三维人体模型具有不受视角变化影响的优点,其本质是从不同视角下的图像序列中提取出人体姿态,并重建出三维人体模型。谷军霞等人[22]从多个摄像机中重建出三维人体模型,通过提取多帧2D视频帧的

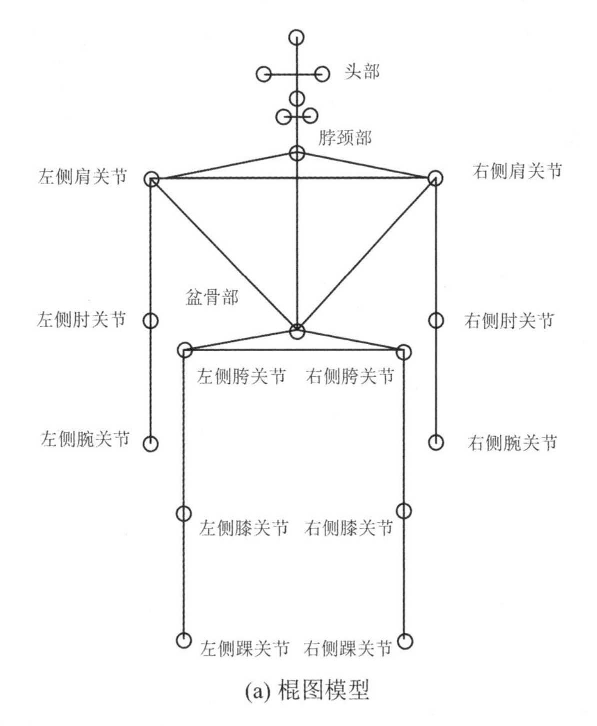

(a) 棍图模型

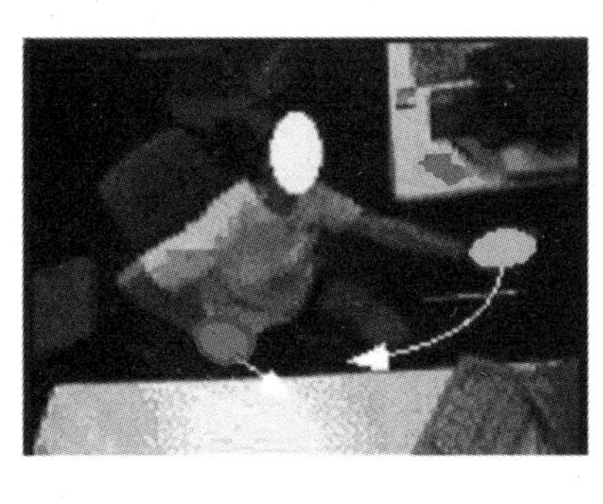

(b) Blob模型

(c) 矩形块模型

图 1.3　二维人体模型

人体关节点合成 3D 关键姿势集。然而，使用这种方法提取人体姿态需要对人体关键部位点进行预先的检测和跟踪。其最终的效果比较依赖于准确的人体关键部位点的检测和跟踪。在复杂场景下，准确的人体检测、分割和跟踪本身也是个难题。此外，三维人体模型的计算量将随着模型精细程度的增大而迅速增大。

微软开发了针对游戏应用的体感深度传感器 Kinect，通过红外感知玩家的深度信息，并提取玩家的关键点运动信息，从而实现玩家动作的识别[33-36]。这也属于基于人体模型的行为表达范畴，只是 Kinect 的针对性很强，从而限制了其应用领域。

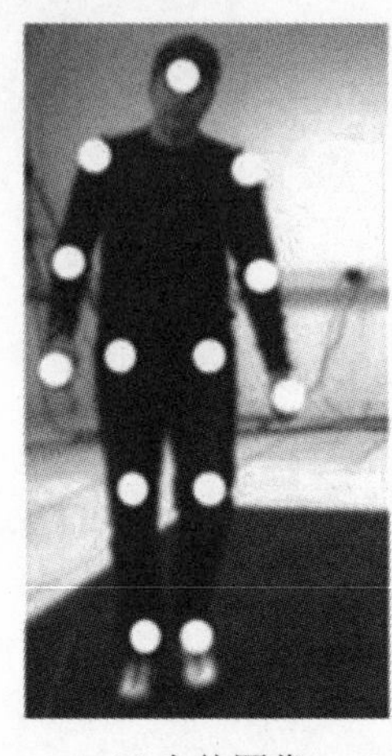

(a) 人体图像

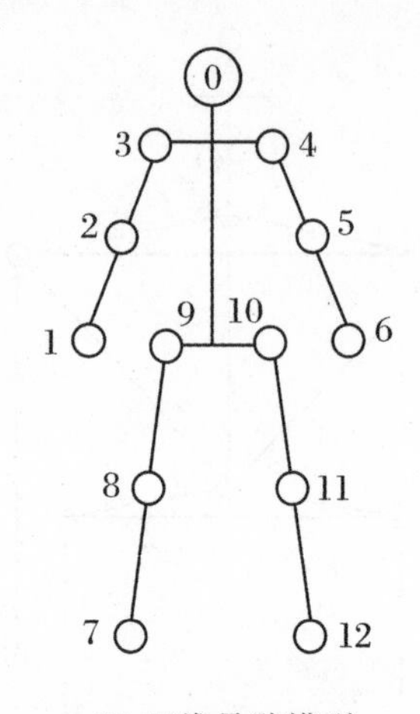

(b) 三维骨骼模型

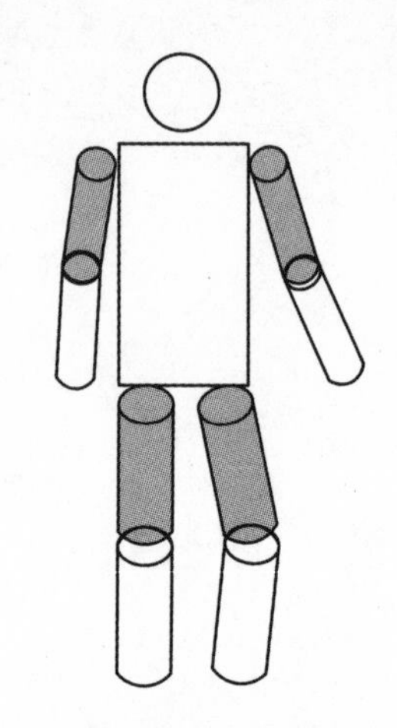

(c) 三维圆柱体模型

图 1.4　三维人体模型

2. 基于全局特征的行为表达

基于全局特征的行为表达不需要检测和跟踪人体单个部位的运动信息，它仅需要把包含人体的感兴趣区域（region of interest，ROI）从背景中检测和提取出来，并对该区域的外观或运动信息进行整体性描述[37-40]。常见的方法包括轮廓法、光流法和梯度法等。

轮廓法作为重要的人体行为全局表示已获得了广泛的研究。这种方法只考虑人体的外轮廓，无需考虑人体轮廓内关节的结构和运动。Bobick 等人[41]提出了用运动历史图（motion history image，MHI）和运动能量图（motion energy image，MEI）来描述人体行为的方法。运动能量图通过逐帧提取视频序列中的人体外部轮廓，并将所有轮廓累加到单幅图像中，然后从中提取不变矩等特征作为人体行为信息的表达。图 1.5 展示了挥手和弯腰的运动历史图和运动能量图。不同于运动能量图，运动历史图用线性衰减算子对每帧图像赋予不同的权重，再累加构造单幅图像，捕获了部分的时间信息。这两种特征表达方式的计算量都较小，然而对视频记录视角的变化和记录时间间隔较为敏感。Weinland 等人[42]在运动历史图的基础上提出了用运动历史卷来减少视频拍摄角度的变化对行为识别的影响的方法。Gorelick 等人[43]直接从视频序列中构建时空轮廓图，该方法能够有效处理行为中遮挡、尺度变化和非刚性变形问题，并且对视角变化具有一定的鲁棒性。图 1.6 展示了运动历史卷和时空轮廓图的一个示例。谌先敢[44]使用基于网格的梯度直方图对累积轮廓进行描述，对较复杂环境下的人体行为识别有一定的适应能力。蔡加欣等人[45]提取人体轮廓，用于构建基于加权距离的局部不变特征，并使用随机森林分类方法对人体行为进行分类。Zhang 等人[46]和 Sminchisescu 等人[47]为了提取带有噪声的轮廓（如在室外环境下），分别使用了形状上下文来提取人体轮廓。

Han 等人[48]利用稀疏几何特征来提取人体轮廓及内部信息。总的来说，轮廓法能够为行为识别提供判别信息，同时计算过程相对简单，但是这类方法对颜色、纹理比较敏感，不能解决自遮挡问题，且其有效性很大程度上依赖于准确的人体目标检测、分割和跟踪等预处理。

(a) 原始行为序列 (b) 运动历史图 (c) 运动能量图

图 1.5 运动历史图与运动能量图

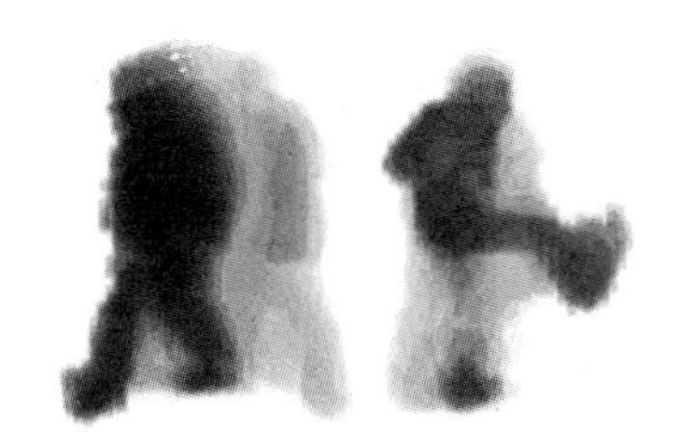

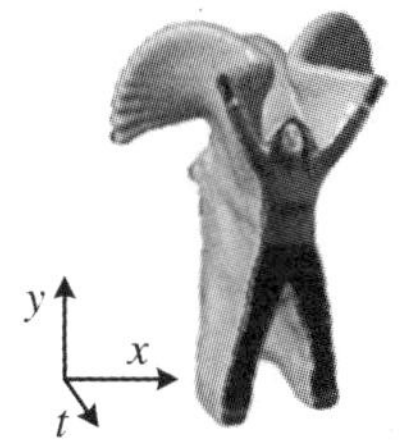

(a) 运动历史卷 (b) 时空轮廓图

图 1.6 行为的全局表达

除轮廓法外，光流法也是常用的捕捉人体全局运动信息的方法。当摄像机固定时，光流的变化能很好地反映场景中目标的运动信息。很多研究者将光流法运用到人体行为识别中，并取得了丰硕的成果。早在 1994 年，Polana 等人[49]采用光流法提取了视频序列中的运动信息。如图 1.7 所示，首先计算连续帧间的光流场，然后采用非重叠的时空网格对光流场进行细分，并累计每个网格内的光流幅度作为网格的特征表示，最后将所有网格特征串联成为行为的特征向量。如图 1.8 所示，Efros 等人[50]将视频帧间的光流场分解成四个标量场，分别对这四个标量场进行高斯平滑，并分别进行匹配，有效地解决了低分辨率下的行为识别问题。Mahbub 等人[51]将光流法与随机抽样一致算法相结合以确定视频帧中的人体目标，并用变化的兴趣点数目的平均百分比作为动作的特征表示，在实验中取得了较好的识别效果。相比轮廓法，光流法不需要去除背景，也不需要精细的轮廓提取，因此具有更好的鲁棒性与实用性，但是光流法对相机运动以及噪声较为敏感，且计算量较大。随着计算机技术的进步,人们使用 GPU 加速计算光流,基本能达到实时处理的效果。

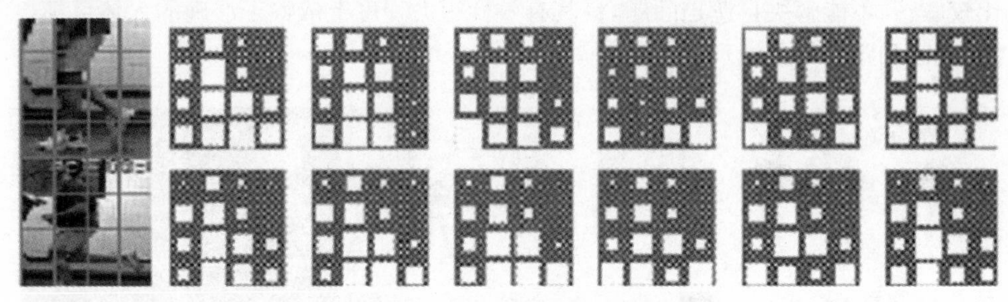

图 1.7　网格中的光流场统计

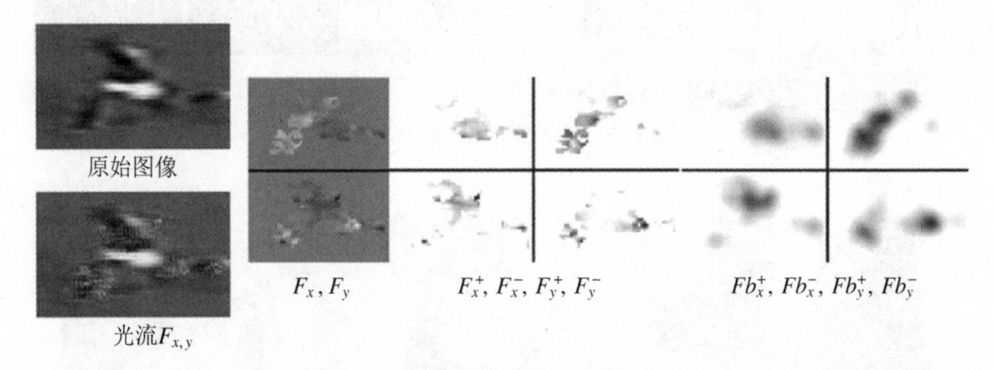

图 1.8　四通道光流场及其平滑处理

与光流法类似,梯度法也不需要消除背景。基于梯度信息的方向梯度直方图(histogram of oriented gradient, HOG)特征描述子已经成功地应用于人体行为识别中[52]。HOG 方法认为在一幅图像中,目标的表象和形状可以被梯度或边缘的方向密度分布很好地描述出来。其实现方法是首先将图像分成小的连通区域,这些小的连通区域被称作细胞单元;然后采集细胞单元中各像素点的梯度或边缘的方向直方图;最后把这些直方图组合起来构成特征描述子。由于 HOG 是在图像的局部方格单元上操作的,所以它对图像几何的和光学的形变都能保持良好的不变性,这两种形变只会出现在更大的空间领域上。其次,在粗的空域抽样、精细的方向抽样以及较强的局部光学归一化等条件下,只要行人大体上能够保持直立的姿势即可,也可以容许行人有一些细微的肢体动作,这些细微的动作将被忽略而不至于影响到检测效果。因此,HOG 特征是特别适合于做视频图像中的人体检测的。梯度法既可以描述动态的人体目标,又可以描述静态的人体目标,并且对光照、纹理等变化也比较敏感。

总的来说,基于全局特征的行为表达方法比较依赖一些预处理或需要设定一些限制条件,其在处理复杂环境下的行为识别时的鲁棒性不如基于局部特征的行为表达方法。

3. 基于局部特征的行为表达

为了克服人体目标检测、分割、跟踪等处理步骤的误差对人体行为识别性能带来的影响以及为了获得复杂环境更为鲁棒的行为表达方式,很多研究者提出了基于局部特征的行为表达方法。这类方法主要包括检测时空兴趣点、局部描述算子、和词袋模型表达等几个步骤。

(1) 检测时空兴趣点

二维图像中的兴趣点是指图像中局部灰度变化最明显的点,主要有角点、边缘端点、折点等。二维图像兴趣点是一种非常重要的图像视觉特征,具有信息含量高、计算量小等特点,是遥感影像定位和图像匹配中常用的方法。三维时空兴趣点是二维图像兴趣点在时空域上的扩展,是指在视频序列三维空间中具有显著局部强度变化的点,它描述了视频序列中局部外观和结构的突变。时空兴趣点方法被广泛应用于运动目标检测和人体行为识别中[53]。为了检测时空兴趣点,很多研究者做了大量工作,并提出了很多有效的检测方法。

Laptev 等人[54]将空域的 Harris 角点检测器扩展为时空域 Harris 3D 兴趣点检测器。首先计算视频中每个像素点在邻域范围内的梯度分布,然后计算像素点的外观变化幅度,最后选择变化幅度较大的像素点作为时空兴趣点。当目标运动比较平滑或外观颜色分布较均匀时,Harris 3D 检测器检测到的兴趣点数量比较少。为了增加检测到的兴趣点数量,Dollar 等人[55]提出了一种周期兴趣点检测方法,并成功应用于小白鼠的行为识别中。该方法定义了一个由分离式线性滤波器组成的响应函数,也就是分别在空间进行高斯滤波和在时间方向进行一维 Gabor 滤波,其中兴趣点的位置由响应函数的局部最大值点确定。Dollar 提出的方法可以检测包含周期性行为的时空兴趣点,通过改变时空邻域尺度可以控制时空兴趣点检测的数目。与 Harris 3D 相比,Dollar 提出的方法通过设置合理参数,能够检测更稠密的兴趣点,在识别一些复杂场景中的复杂行为时效果更好[56-58]。图 1.9 展示了两种时空兴趣点检测方法——Harris 3D 法和 Dollar 法在同一挥手行为视频序列上的检测结果的比较。其中灰色时空轮廓为人体轮廓形成的时空形状,黑色圆点为检测到的兴趣点所在的位置。

Gilbert 等人[60]在视频的三个通道((x,y),(y,t),(x,t))分别检测初始的 Harris 兴趣点,然后用数据挖掘技术从中挑选出具有代表性的时空兴趣点。Rapantzikos 等人[53]对视频时空域分别进行离散小波变换,然后综合每个维度的高通滤波响应选择时空域中的兴趣点。不同于 Harris 3D 法,Willems 等人[61]采用三维 Hessian 矩阵来衡量每个点的显著性。此外有不少文献发展了兴趣点方法[62-65],通过在时空尺度上稠密提取兴趣点,进而形成行为的稠密轨迹。这类方法在多个数据上都取得了较好的识别性能,然而由于该方法会产生大量的兴趣点,所以其计算量往往较大。

(a) 挥手行为

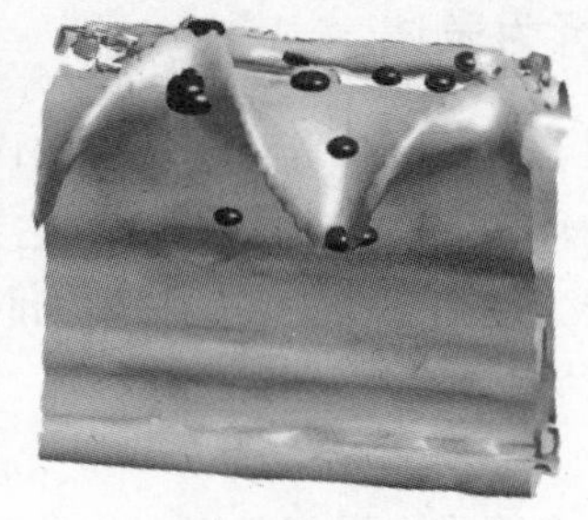

(b) Harris 3D法

(c) Dollar法

图 1.9　两种方法的兴趣点检测结果比较[59]

（2）局部描述算子

为了描述检测到的时空兴趣点，研究人员提出了很多描述算子。时空兴趣点的特征计算方法通常是计算每个兴趣点邻域范围内的时空体的光流、梯度等低级特征。由于这些低级特征是在时空兴趣点的局部邻域内计算得到的，所以常将其称为局部时空特征。在计算机视觉中，局部特征因为不需要去背景、分割等预处理，并对视角、光照等变化不敏感，且对目标外观、遮挡、旋转和尺度具有一定的不变性，因此，近年来受到了行为识别、物体识别、图像分类等领域的广泛关注[66-67]。

Dollar 等人[55]提出了基于梯度的 Cuboid 描述算子，该算子直接计算每个像素点在邻域范围内的梯度，然后串联邻域内所有像素的梯度值并进行降维，作为兴趣点的局部描述。Laptev 等人[68]提出了结合梯度直方图和光流直方图来描述兴趣点邻域内的局部运动和外观表现的方法。该方法首先将兴趣点邻域进行网格划分，然后统计每个网格内像素点的梯度和光流，形成直方图统计，最后串联所有网格的直方图特征，作为兴趣点的局部描述。Wang 等人[69]利用运动边界直方图(motion boundary histogram，MBH)[70]来描述兴趣点。MBH 分别计算光流场在水平方向和垂直方向上的梯度，能有效地消除匀速的相机运动。Willems 等人[61]将加速稳健特征(speeded up robust features，SURF)描述器扩展为三维时空中的 SURF 3D 描述器。Scovanner 等人[71]将尺度不变特征变换(scale-invariant feature transform，SIFT)描述器扩展为三维时空中的 SIFT 3D 描述器，以将行为的时空信息编码在直方图中。Klaser 等人[72]将二维的梯度直方图 HOG 扩展为三维时空中的 HOG 3D 描述器，其中局部区域的三维梯度方向通过投票的方式被映射到一组直方图中，然后将所有直方图串联为人体行为的特征表达。

（3）词袋模型表达

在得到时空兴趣点的特征描述后，可使用聚类算法如 K 均值(K-means)[73]、高斯混合模型[74]等对局部特征进行聚类，并形成视觉字典。然后词袋模型(bag of words，BOW)将被用作行为视频序列的最终表达。词袋模型在物体识别、场景分类、行为识别、图像分类等计算机视觉领域都有广泛的应用[75]。图 1.10 展示了词袋模型表达流程。首先,对视频序列进行时空兴趣点检测;然后使用描述子(如 HOG、HOF、SIFT 等)计算兴趣点的局部特征;再利用聚类算法对局部特征进行聚类,并形成视觉字典;最后每个局部特征将被量化为视觉单词,通过计算出视频中每个视觉单词出现的频率,生成直方图作为行为序列的最终表达。通常会对直方图统计进行归一化处理,以减少不同数目的局部特征对行为识别造成的影响。

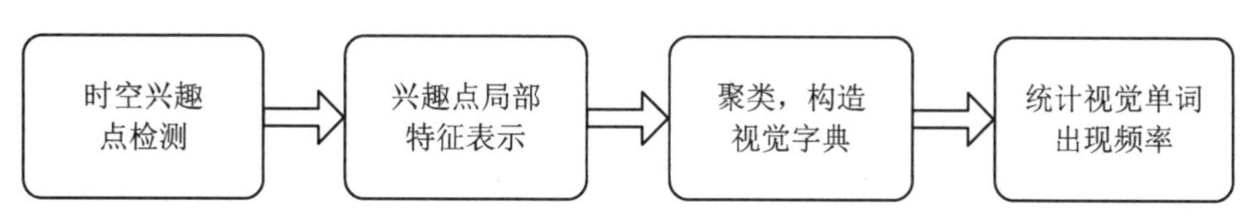

图 1.10 词袋模型表达流程图

词袋模型通过对视觉单词进行无序统计来描述行为局部特征的分布。这种方法具有较高的计算效率,但也存在一些问题,如丢失了许多重要的信息,包括局部特征的时空分布、因果关系等,且量化方式可能存在较大的量化误差。

在行为视频序列经过上述特征表达之后,如果形成的特征维数较高,还可选择一些降维方法对行为特征进行降维处理。常见的降维方法可分为线性降维法和非线性降维法。线性降维法是将高维数据通过线性变换映射到低维子空间,常见的方法有主成分分析[76]和线性判别分析[77]。非线性降维法将高维数据通过非线性变换映射到低维子空间,具有代表性的方法有 KPCA[78]、KLDA[79]、ISOMAP[80]、LLE[81]和 LPP[82]。在实际应用中,与其他降维方法相比,主成分分析法被广泛地应用于人体行为识别中[83]。该方法通常挑选前几个方差最大的主成分,既能抓住原始特征的主要信息,又能达到维数约简的目的。

1.3.2 行为分类方法

在得到人体行为视频序列的特征表达之后,人体行为识别问题转换为一个特征分类问题。行为分类方法的选择要依据行为的特征表达方式而定,只有两者相互匹配,才能获得最好的行为识别效果。至今,已有很多优秀的分类方法被提出,按照分类方法是否对时间进行建模,可以将其大致分为直接分类方法和时间状态空间方法。

1. 直接分类方法

直接分类方法是指不考虑行为的时间变化,直接将每个行为视频序列表示成单个特征,从而进行分类。常见的方法有 K 近邻分类器和判别式分类器。

(1) K 近邻分类器

K 近邻(KNN)分类器是既简单又有效的分类器。KNN 分类器将测试视频的特征向量与所有训练视频的特征向量进行比较,选出与测试视频最相近的 K 个训练样本,并将其中出现次数最多的类别作为测试样本的类别。当 $K=1$ 时,KNN 分类器退化为最近邻(nearest neighbor,NN)分类器。其中常见的相似性度量函数有相对熵距离、马氏距离和欧氏距离等。相似性度量函数的选择与分类任务密切相关。如 Bobick 和 Davis[84]在计算人体行为历史图的多阶 Hu 矩作为动作表示时,考虑到不同特征维度的变化,采用马氏距离作为相似性度量函数。当训练样本数量较大时,KNN 分类器要花费大量时间来计算样本间的相似度。此外,KNN 分类器也容易受到噪声样本的影响。

(2) 判别式分类器

判别式分类器直接对多类数据进行分类,而不需要对数据分布进行建模。常见的方法有支持向量机(SVM)[85-88]、相关向量机(relevance vector machine, RVM)[89-90]和人工神经网络(ANN)[91-93]。SVM 是一种基于最大间隙原理的线性分类器,已经成为小样本学习的重要方法,是众多模式识别领域里非常常用的分类方法。Laptev 等人[68]用 SVM 对行为的多通道全局表达进行分类。Choi 等人[87]用基于时空金字塔匹配核的 SVM 对体育行为视频进行分类。Liu 等人[85]用基于直方图交叉核的 SVM 进行视角无关的行为识别。RVM 是一种基于贝叶斯框架的分类器,能输出分类结果的后验概率,可视为 SVM 的概率版本。Oikonomopoulos 等人[89]将动作表示成一组稀疏特征,并用 RVM 进行分类。He 等人[90]使用多类 RVM 进行人体行为识别。ANN 分类器是模拟人类大脑神经系统的一种判别分类模型,其中节点表示神经元。ANN 能够学习复杂的非线性输入输出关系。近年来,在多层神经网络训练模型取得突破之后[94-95],基于 ANN 的分类器越来越受到人们的关注。Foroughi 等人[91]用四层感知器学习本征运动,并用于运动分类和跌倒检测。Fiaz 等人[92]设计了一个基于 ANN 的行为监视系统用于检测和跟踪可疑行为。Ji 等人[93]将二维卷积神经网络扩展到三维卷积神经网络,并用于人体行为识别,取得了较好的效果。然而,ANN 分类器随着节点数的增多,需要的训练样本数也快速增加。

此外,提升型分类器也属于直接分类方法中的一种。该类分类器是通过组合一系列弱分类器来形成强分类器的。常见的提升型分类器包括 LPBoost[96]和 AdaBoost[97]。其中,LPBoost 具有更快的收敛速度和更好的稀疏性。

2. 时间状态空间方法

时间状态空间法明确地对时间信息进行建模。将每个时刻的行为姿态定义为一种状态,然后将每个行为序列看成是这些不同状态之间的一次遍历观察。时间状态空间法可分为生成式模型和判别式模型。生成式模型学习遍历观察与行为标记的联合分布;而判别式模型学习行为类别在遍历观察上的概率,不需要对每一类的行为进行建模,主要强调类别之间的差异。

(1) 生成式模型

生成式状态空间方法中最具代表性的是隐马尔可夫模型(hidden Markov model, HMM)。HMM 模型使用隐状态表示动作中的不同姿态,然后对状态概率矩阵和状态转移概率矩阵进行建模。为了简化计算,HMM 模型引入两个独立性假设。一是当前状态仅与前一个状态相关;二是观测值仅依赖于当前状态,观测值之间是独立的。HMM 被广泛地应用于语音识别、文本识别和人脸识别等研究领域。基于 HMM 模型的人体行为识别通常为每一类行为建立一个 HMM 模型,测试序列类别为 HMM 模型概率最大的类别。1992 年,Yamato 等人[98]首次使用 HMM 模型进行人体行为识别研究。首先从图像序列中提取轮廓网格特征并量化成符号特征序列,然后用 HMM 对每个行为符号特征序列进行建模,最后计算观察序列的概率,作为确定行为类别的依据。Ikizler 等人[99]提取手臂和大腿的三维运动轨迹,并分别进行 HMM 建模。为了能够分析复杂场景中的人体行为,文献[27]提出耦合隐马尔可夫模型对行为中多个交互过程进行建模。Caillette 等人[100]提出长度可变 HMM 模型对行为观测和三维姿态建模。Peursum 等人[101]用层次 HMM 模型对人体行为在不同层次下的信息进行描述。钱堃等人[102]提出一种抽象的 HMM 模型,即采用 RBPF 近似推理方法提高计算效率,提高了监护机器人感知人体行为的能力。总的来说,HMM 模型随着状态数目的增加,状态概率矩阵和状态转移概率矩阵建模需要的训练数据迅速增大。此外,HMM 模型的两个独立性假设在某些任务中过于简单。

动态贝叶斯网络(dynamic Bayesian network, DBN)也是一种常用的生成式状态空间方法,可将其看作是 HMM 模型的一种推广方法。相比 HMM 模型,DBN 模型可充分利用先验知识,大大降低了算法的计算复杂度[103-104]。尽管 DBN 模型相对 HMM 模型具有一定的优势,但值得注意的是 DBN 模型,尤其是多层 DBN 模型太过依赖研究者具备的先验知识,这也影响到了 DBN 模型在应用中的实际性能。

(2) 判别式模型

判别式状态空间方法中代表性的模型是条件随机场(conditional random fields, CRF)。为了克服 HMM 模型的观察独立性假设,人们提出了条件随机场模型。该模型不需要对单个行为类别进行单独建模,而是统一学习不同行为的分类模型。Sminchisescu 等人[47]提出一种一阶状态依赖的线性链式 CRF,将其与 HMM 和最大熵马尔可夫模型(MEMM)进行了比较,结果表明 CRF 避免了独立性假设,能考虑长时间范围内的行为交互,所以取得了更好的识别结果。刘法旺等人[105]对人体轮廓进行降维,然后用隐 CRF 模型训练动作模型。Zhang 等人[106]用隐 CRF 模型[92]对视频序列进行标记,并提出了一种 HMM Pathing Stage 法以确保参数收敛到全局最优。Natarajan 等人[107]提出了一种层次 CRF 模型用于人体行为识别:先在底层用 CRF 对行为和特定角度的姿态进行编码,然后在顶层对行为和视角进行编码。Wang 等人[108]在隐 CRF 中引入最大间隙原则,并用于行为识别。黄天羽等人[109]结合 CRF 和隐 CRF,提出了一种基于帧间的判别 CRF 模型联机进行人体行为识别。

1.4 人体行为数据库

如前所述,当前研究者们主要是在一些常见的公开行为数据库中验证自己所提出的行为识别方法。下面介绍一些常用的人体行为数据库。为了对各种行为识别算法进行研究和对比,一些研究机构建立并公开了不少行为数据库。这些数据库可主要分为简单行为数据库和真实场景行为数据库。

1. 简单行为数据库

(1) KTH 数据库

KTH 数据库[86]由瑞典皇家理工学院计算机科学与通信学院计算机视觉与主动感知实验室提供,已成为行为识别领域中流行的数据库之一。KTH 数据库的背景较为简单,均为单人行为,且拍摄角度固定。该数据库总共包括六种预先定义的人体行为,分别为拳击、拍手、挥手、慢跑、跑步和行走。KTH 数据库共记录了 25 位志愿者的行为,每位志愿者分别在四种不同的场景下完成这六种行为。其中场景一为室外场景。场景二为室外场景且摄像机焦距发生变化。场景三为室外场景且穿着不同。场景四为室内场景。视频帧的分辨率固定为 160×120,共包含了 599 个行为视频序列。

(2) Weizmann 数据库

Weizmann 人体行为数据库[110]由以色列 Weizmann 科学研究所提供。同 KTH 行为数据库一样,Weizmann 数据库也是目前人体行为识别技术领域使用非常多的公开数据库[111]。Weizmann 数据库的背景较为简单,均为单人行为,且拍摄角度固定。该数据库共记录了 10 种不同的人体行为,分别为弯腰、开合跳、行走、原地向上跳、双脚向前跳、跑、侧边走、单脚跳、挥单手和挥双手。其中每种动作均由九个志愿者完成。该数据库共记录了 93 个行为视频序列,其中每个视频帧的分辨率为 180×144。

(3) ADL 数据库

Activity of Daily Living(ADL)数据库[112]由罗切斯特大学 Messing 等人提供。该数据库由 10 种日常动作组成,分别为接电话、切香蕉、拨打电话、喝水、吃香蕉、吃点心、查看电话簿、剥香蕉、使用餐具和在白板上写字。ADL 数据库拍摄时背景固定，具有相同的视角，没有任何的镜头拉伸，且均为单人与物品之间的交互行为。该数据库总共包含了 150 种行为视频序列，每种行为由 5 个志愿者分别执行三遍。视频帧的分辨率为 1280×720 像素。

2. 真实场景行为数据库

(1) Hollywood 数据库

Hollywood 人体行为库(简称 HOHA)[68]从电影片段中收集了八类行为：接电话、下车、握手、拥抱、亲吻、坐下、端坐和起立。这些行为由大量演员执行，场景比较灵活多样。其中大部分视频都集中在人体的上半部分，也有个别识别包含了整个人体，甚至有一些关于人脸特写的行为视频。后来在该数据库的第二个版本 Hollywood2[113]中，又增加了四类行为驾车、吃、打斗和跑，并对原有行为类增加了部分视频。其中包含两个训练集，一个训练集是通过获取电影脚本自动标注，另一个训练集是人工标注。遮挡、摄像机的运动和复杂的背景都使得该数据库非常有挑战性。

(2) UCF Sports 数据库

UCF Sports 数据库[114]由中佛罗里达大学计算机视觉研究中心提供。该数据库视频内容是从网络上收集得到的，共包含 10 种行为，分别为跳水(diving)、打高尔夫球(golf swinging)、踢腿(kicking)、举重(lifting)、骑马(horse-riding)、跑步(running)、滑板运动(skateboarding)、鞍马运动(swinging at the bench)、高低杠运动(swinging at the high bar)和行走(walking)。UCF Sports 数据库共有 150 个行为视频序列。由于这些视频均从网络上收集，其行为场景变化很大，拍摄视角灵活，同类行为之间差异较大，且涉及一些多人交互行为。该数据库同时也提供了分割好的人体数据。

(3) TRECVID 数据库

TREC(text retrieval conference)系列会议由美国国家技术标准研究所和国防高级研究规划局共同创办，并于 1992 年召开了第一次会议。其后，每年召开一次会议，集中反映当前国际上最先进的信息检索技术。2001 年 TREC 系列新增了对视像的检测——VideoTrack，鉴于其重要性，从 2003 年起视像检索正式独立出来成为一个独立的系列——TRECVID(TREC video retrieval evaluation)，用于推动基于内容的视频检索方面的研究。一些研究者通过对 TRECVID 的数据库进行筛选，结合 LSCOM[115]标注的语义概念，对筛选出的视频重新标注，从而形成一个视频库，用于行为识别或事件分类等，如 Li 等人[116]选择了 1677 个正样本，9 个事件：倒退的汽车、握手、跑步、抗议、散步、暴乱、跳舞、枪击和游行作为最终的事件识别任务。

(4) HMDB51 数据库

HMDB51 数据库[117]由布朗大学 Kuehne 等人提供。该数据库共包含了 51 种行为,比如喝水(drink)、抽烟(smoke)、交谈(talk)、攀爬(climb)、跳(jump)、射击(shoot gun)和握手(shake hands)等行为动作。该数据库中的行为视频大部分从网络上收集得到,场景复杂多变,人体的外观、拍摄视角变化差异很大,且通常伴随有相机运动。HMDB51 数据库总共包含了 6766 个行为视频序列,大部分行为动作为单人行为,部分涉及两人的交互行为(如两人击剑)等,其中每类行为都收集了不少于 101 个的视频序列。该数据库提供了两个版本,即原始版本(original version)和带有相机运动补偿的版本(stabilized version)。HMDB51 数据库是目前为数不多的几个行为类别多、行为样本数多、挑战性非常大的行为识别数据库之一。

以上行为数据库已经非常全面,当然随着时间的推移还会有更多、更好、更贴近现实场景的行为数据库出现。由于时间和空间的限制,无法将本书提出的方法在所有数据库上进行验证,为此选取了三个被研究者所广泛采用的具有代表性的行为数据库进行验证,即简单数据库 KTH、复杂数据库 UCF Sports 和 HMDB51。图 1.11、图 1.12 和图 1.13 分别展示了这三个行为数据库的样本帧。

图 1.11 KTH 数据库上的样本帧

图 1.12　UCF Sports 数据库上的样本帧

图 1.13　HMDB51 数据库上的样本帧

1.5　研究热点及发展趋势

如前所述，人们已经对人体行为识别技术所包括的行为特征提取与表达和行为分类技术做了大量研究，并取得了丰硕的成果，其中部分成果已经在实际生活中得到应用。然而就整体而言,转化为实际应用的行为识别技术所占比例还非常小,人体行为识别技术的研究仍然处于基础阶段,还存在着大量亟待解决的技术难题,这些技术难题既是研究难点,也是研究热点。以下对人体行为识别技术面临的研究热点和未来的发展趋势进行阐述。

1. 研究热点

(1) 行为特征提取与表达

作为人体行为识别的第一步,同时也是非常关键的一步,人体行为特征的提取与表达方法的好坏直接影响整个行为识别系统的识别性能。就目前的研究状况而言,还没有一种公认的最好的行为特征提取与表达方法。研究人员们也正在进行更加广泛的研究和探索。行为特征的提取和表达又被分为行为特征的提取和针对行为特征的表达。在行为特征的提取方面,如前面研究现状里所分析的一样,不少人体行为特征,如人体模型、运动历史图和运动能量图等严重依赖于准确的人体目标检测、分割与跟踪。因此,准确、鲁棒的人体目标检测与跟踪方法也是提高这类方法识别性能所必须研究的。而由于受到环境噪声、遮挡、光线等因素的影响,人体目标检测、分割与跟踪方法本身也是研究的难点。此外,基于兴趣点检测的行为表达方法也非常依赖于准确的行为兴趣点提取。由于受到环境噪声的影响,如何能准确地提取描述人体行为信息的兴趣点也是研究的难点和热点。因此,如何提取能更加准确地捕获人体行为信息,且对环境噪声更加鲁棒的行为特征一直是行为识别技术研究的难点和热点。

在提取到行为特征后,需要针对所提特征设计相应的特征表达方式。通常是把所提特征表达为一个特征向量或特征矩阵。行为特征的表达方法需要与所提取的行为特征结合起来考虑。人体行为具有复杂性、多样性和模糊性。行为特征的表达方法需要充分考虑同类行为的共性以及不同行为间的差异。此外,行为特征的表达还需要关注三个方面的事情:一是克服环境噪声问题,需要尽可能地将环境噪声和冗余信息剔除掉,并尽可能地保留行为信息;二是行为特征的降维,由于行为视频的数据量较大,行为特征的维数往往较高,过高的特征维数不利于后续的行为分类处理;三是特征的融合问题,不同的行为特征之间可能存在某种互补性,比如结构特征与外观特征、局部特征与全局特征、频域特征与时域特征等。因此,充分挖掘这些特征之间的互补性,并将其表达为最终的特征向量或矩阵,将有利于行为识别性能的提高。总之,行为特征的表达方式和行为特征的提取同样重要,也是行为识别技术中的研究热点。

(2) 行为分类方法研究

在对行为视频进行特征提取与表达之后,分类方法的设计与选取也至关重要。如前面提到的SVM、HMM等分类方法已经非常成功地应用于人体行为识别技术中,但这并不是说所有的行为分类任务都可以直接运用这些分类方法。在实际应用中,还需根据具体的行为分类任务,选择适当的分类方法并设置合适的参数,在必要时还需设计相应的分类方法。行为分类方法的识别率和鲁棒性是衡量一个分类方法是否有效的两个重要标准。因此,如何针对具体的行为分类任务设计高识别率和高鲁棒性的行为分类算法也是研究者们研究的热点问题。

(3) 真实应用场景中的行为识别

目前所报道的关于人体行为识别技术的文献中,通常使用的数据对象都是一些常用的公开行为数据库。这类数据库中既有简单行为库,也有复杂数据库。与行为数据库中的人体行为比较单一、场景比较简单、数据量也较少相比,真实应用场景中的人体行为更加灵活、场景更加复杂、数据量也更大,这对现有的人体行为识别技术是一个挑战。在公开行为数据库中比较成功的行为识别方法,未必在真实应用场景中也同样有效。因此,面向真实应用场景和大数据的行为识别方法是研究的难点和热点,同时也是未来行为识别技术发展的趋势。

2. 发展趋势

如前所述,就整体而言,当前人体行为识别技术还处于基础研究阶段,所报道文献中的方法也主要针对常用的公开行为数据库。在这样的基础研究阶段,研究者们也主要针对行为数据库进行各种行为识别方法的研究和探索。识别率、鲁棒性、计算效率是衡量各行为识别方法的重要标准。就目前所报道的文献资料来看,研究人员还主要把精力集中在不断提高算法的识别率和鲁棒性上,大家在对比实验中主要对比的也是这两方面,暂时忽略掉了算法的计算效率。当然,这也是在当前研究阶段下的权宜之计,算法的计算效率与很多因素有关,比如计算机硬件技术、计算机软件技术和算法优化等。随着计算机技术的进步,随着CPU、GPU运算速度的提升,算法的计算效率有望被大幅提高。相比之下,要提高算法的识别率和鲁棒性则显得更加困难,即算法的识别率和鲁棒性主要跟算法本身相关,而算法的计算效率不仅跟算法本身有关,还与外界设备密切相关,这也是研究者们现在将主要精力放在如何提高算法识别率和鲁棒性上的原因。在获得识别率高和鲁棒性强的行为识别方法后,如何降低算法的计算复杂度,提高计算效率,将是研究的重点。因此,研究识别率高,鲁棒性强和计算速度快的人体行为识别方法是发展的趋势。

此外,人体行为识别技术的终极目标是面向实际应用。最终实际应用效果的好坏及用户使用体验的好坏才是衡量一个行为识别技术好坏的唯一标准。因此,人体行为识别技术研究脱离行为数据库,转为面向真实的应用场景,使更多的行为识别技术转化为实际产品,切实服务和改善人们的生活,是众多人体行为识别研究人员的奋斗目标,同时也是行为识别技术发展的方向和趋势。

第 2 章　基于兴趣点上下文结构信息的人体行为识别

2.1 引　　言

研究人员将局部特征和词袋模型用于视频序列中的人体行为识别[68-69]。尽管词袋模型在人体行为识别任务中取得了较好的结果，并已成为人体行为识别的重要方法。但是基于词袋模型的表示有两个主要缺点：① 词袋模型在特征编码的时候，将局部特征量化到最近的一个视觉单词(硬编码)，这将带来较大的量化误差，量化误差会随着后续进一步的建模而传播，使得表示不可靠，最终降低识别效果；② 词袋模型将视频表示为一个直方图特征向量，仅考虑了整个视频中局部特征的全局统计特性，忽略了局部特征固有的时空关系，比如空间的分布以及时间上的因果关系。而这些关系描述了动作的重要信息，能区分词袋模型但不能区分动作。如图 2.1 所示，其中不同灰度的圆圈表示量化到不同字典单词的局部特征。这两个动作具有一致的词袋模型表示，但却是不同的动作。而考虑局部特征的时空分布可以很好地区分这两个动作。

图 2.1　词袋模型缺点示意图

本章针对词袋模型这两个缺点进行研究，探讨了一种基于兴趣点上下文结构信息的特征进行人体行为识别，并实验验证了该特征的有效性。首先，推广了后验概率编码框架，并基于该框架分析了已有的编码方法；然后，构建一种新的编码方法。新编码方法考虑了局部特征与字典单词之间的空间相似性以及线性相似性。图2.2展示了共生特征在硬编码和本章编码方法下的表示，可见本章的编码方法表示更光滑、可靠和合理。最后，在该编码方法的基础上，计算兴趣点上下文范围内兴趣点的空间分布和时间顺序分布，形成累计概率直方图（cumulative probability histogram，CPH）特征，描述兴趣点的时空分布。

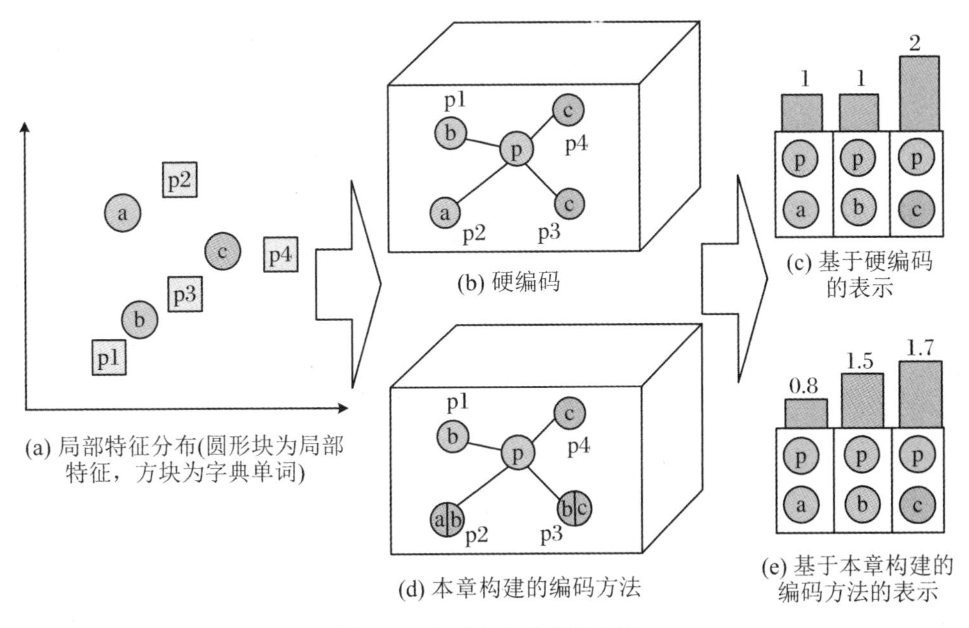

图2.2　点对共生特征示意图

2.2　相关研究

前面已对词袋模型的两个缺点进行了一些研究。本节从特征编码和兴趣点时空结构进行阐述。

2.2.1　特征编码

假设视觉字典 $\boldsymbol{D}=[\boldsymbol{d}_1,\boldsymbol{d}_2,\cdots,\boldsymbol{d}_M]\in\mathbb{R}^{P\times M}$ 共有 M 个单词，每个单词是长度为 P 的向量。定义任一局部特征 $\boldsymbol{x}\in\mathbb{R}^P$，其对应的编码系数 $\boldsymbol{\alpha}$ 是长度为 M 的向

量，向量元素 α_m 对应单词 $\boldsymbol{d}_m$ 的编码系数。

1．硬编码

词袋模型将局部特征量化为最近邻的视觉单词，是一种硬编码（hard-assignment coding）[118]。编码系数 $\boldsymbol{\alpha}$ 有且仅有一个非零元素，对应在某个距离度量函数下最近邻的视觉单词。欧氏距离下可表示为

$$\alpha_m = \begin{cases} 1, & m = \arg\min_k \| \boldsymbol{x} - \boldsymbol{d}_k \|_2^2 \\ 0, & \text{其他} \end{cases} \tag{2.1}$$

2．软编码

Van Gemert 等人[119]认为视觉单词具有不确定性，硬编码会生成不可靠的表示，并提出了软编码（soft-assignment coding）。软编码用局部特征对整个字典进行编码，距离局部特征越近的单词赋予越大的编码值，反之越小。笔者采用高斯核度量单词和局部特征之间的距离，其编码系数计算如下：

$$\alpha_m = \frac{\exp(-\beta \| \boldsymbol{x} - \boldsymbol{d}_m \|_2^2)}{\sum_{j=1}^{M} \exp(-\beta \| \boldsymbol{x} - \boldsymbol{d}_j \|_2^2)} \tag{2.2}$$

其中，β 为高斯核平滑参数，分母确保编码系数和为 1。

3．局部软编码

Liu 等人[120]对软编码方法做了进一步的分析和研究，认为软编码方法在应用中分类效果较差的原因是没有考虑局部流行结构，用较远的单词对局部特征进行编码是不可靠的，并提出了局部软编码（localized soft-assignment coding）方法。该方法对视觉特征进行编码时，仅考虑距离局部特征最近的 k 个视觉单词。其编码系数计算为

$$\alpha_m = \begin{cases} \exp(-\beta \| \boldsymbol{x} - \boldsymbol{d}_m \|_2^2) \Big/ \sum_{j=1}^{K} \exp(-\beta \| \boldsymbol{x} - \boldsymbol{d}_j \|_2^2), & \boldsymbol{d}_m, \boldsymbol{d}_j \in N_k(\boldsymbol{x}) \\ 0, & \text{其他} \end{cases} \tag{2.3}$$

其中，$N_k(\boldsymbol{x})$表示距离特征 $\boldsymbol{x}$ 最近的 k 个单词的集合。

4．稀疏编码

一些研究采用稀疏编码法（sparse coding，SC）[121-123]降低量化误差。稀疏编码用几个单词线性组合表示局部特征 $\boldsymbol{x}$。经典的稀疏编码通过求解 l_1 模正则化问题计算编码系数 $\boldsymbol{\alpha}$：

$$\boldsymbol{\alpha} = \arg\min_{\boldsymbol{\alpha}} \frac{1}{2} \| \boldsymbol{x} - \boldsymbol{D\alpha} \|_2^2 + \lambda \| \boldsymbol{\alpha} \|_1 \tag{2.4}$$

其中,λ 为参数,控制重建误差项和 l_1 约束项的相对权重。编码系数 $\boldsymbol{\alpha}$ 是稀疏的,λ 值越大,$\boldsymbol{\alpha}$ 越稀疏。

5. 局部线性编码

Wang 等人[124]提出局部线性编码方法(locality-constrained linear coding, LLC),认为局部性比稀疏性更重要,其编码方式可表示为

$$\begin{aligned} &\boldsymbol{\alpha} = \arg\min_{\alpha} \frac{1}{2} \| \boldsymbol{x} - \boldsymbol{D\alpha} \|_2^2 + \lambda \| \boldsymbol{w} \odot \boldsymbol{\alpha} \|^2 \\ &\text{s.t.} \quad \boldsymbol{1}^{\mathrm{T}} \boldsymbol{\alpha} = 1 \end{aligned} \tag{2.5}$$

其中,$\odot$为点乘运算,$\boldsymbol{w}$ 为局部约束向量:

$$\boldsymbol{w} = \exp\left(\frac{\operatorname{dist}(\boldsymbol{x}, \boldsymbol{D})}{\sigma}\right) \tag{2.6}$$

式(2.6)中 $\operatorname{dist}(\boldsymbol{x}, \boldsymbol{D}) = [\operatorname{dist}(\boldsymbol{x}, \boldsymbol{d}_1), \cdots, \operatorname{dist}(\boldsymbol{x}, \boldsymbol{d}_m), \cdots, \operatorname{dist}(\boldsymbol{x}, \boldsymbol{d}_M)]^{\mathrm{T}}$,其中,$\operatorname{dist}(\boldsymbol{x}, \boldsymbol{d}_m)$表示局部特征 $\boldsymbol{x}$ 和单词$\boldsymbol{d}_m$ 间的欧氏距离,σ 为平滑参数。LLC 在编码时尽可能考虑近邻的视觉单词。笔者给出了一个近似算法:选择最近邻的 k 个视觉单词,形成最近邻视觉字典 $\widetilde{\boldsymbol{D}}$,对应字典 $\widetilde{\boldsymbol{D}}$ 的编码系数 $\widetilde{\boldsymbol{\alpha}}$ 计算为

$$\widetilde{\boldsymbol{\alpha}} = \frac{1}{2} \min_{\widetilde{\boldsymbol{\alpha}}} \| \boldsymbol{x} - \widetilde{\boldsymbol{D}} \widetilde{\boldsymbol{\alpha}} \|_2^2 \tag{2.7}$$

其他单词对应的编码系数则简单地设置为零。图 2.3 比较了硬编码、稀疏编码、局部线性编码的编码方式。

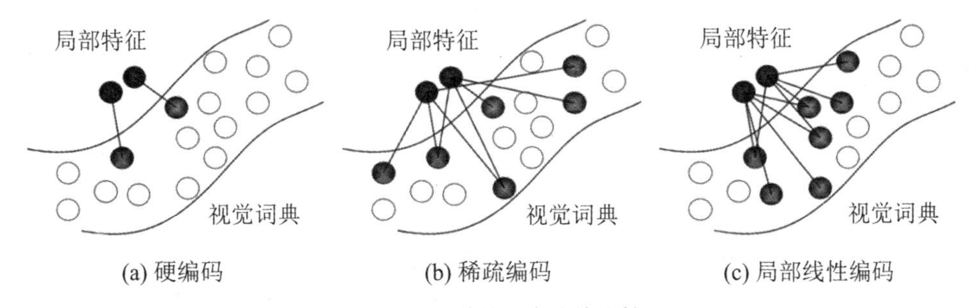

图 2.3　几种编码方法的比较

概括来说,硬编码、软编码和局部软编码对特征进行编码时仅考虑字典和特征的空间相似性;稀疏编码仅考虑字典和特征的线性相似性。

2.2.2　兴趣点时空结构

针对词袋模型的第二个缺点,已有一些研究人员进行了研究。描述兴趣点时

空分布通用方法有时空网格法[68,87]和多尺度金字塔方法[125]。如 Laptev 等人[68]将视频在空间维度和时间维度分割成多个重叠的网格,分别计算每个网格的特征,然后串联所有网格特征作为视频的最终表示。尽管这些方法能够描述一些结构信息,但它们的表示太粗糙,不能充分地描述局部特征之间丰富的时空关系。一些研究利用时空兴趣点的三维位置信息[37-38]描述兴趣点的时空结构信息。Zhao 等人[38]提出优化的时空形状上下文描述时空兴趣点的结构信息。Wu 等人[37]将视频在时间维度上进行多尺度分割,用高斯混合模型描述分割的视频时间段里兴趣点的相对位置信息,并提出一个增广特征多核学习的分类器。Bregonzio 等人[126]把兴趣点看作点云,在多个时间尺度进行累加,然后从中提取一种全局表示作为兴趣点的时空结构特征。这些方法虽然从某种角度上捕获了时空兴趣点的分布,但不适合描述兴趣点在时间上的顺序信息。一些研究在局部特征的基础上提出了各种所谓的中级特征描述时空兴趣点的时空结构。Savarese 等人[127]提出了时空相关图描述运动模式的时间共生特性。Ryoo 等人[128]提出了一个称为“feature×feature×relationship”的直方图描述时空兴趣点之间的时空关系,并提出一种时空关系匹配核来对两个视频关系直方图进行匹配。Kovashka 等人[129]用多层词袋模型表示不同尺度下的时空兴趣点的时空结构,每一层的视觉字典由前一层的视觉字典组成。Bilinski 等人[130]提出了一种时空有序的上下文特征描述特征点的时空顺序。Liu 等人[121]用扩散图层次构建意义丰富的视觉字典。这些方法均是基于硬编码的视觉词袋模型,量化误差会随着对兴趣点进一步建模而进行传播,降低了这些方法的有效性。

2.3 兴趣点上下文结构信息

兴趣点的结构信息反映了兴趣点之间的时空关系,能有效弥补词袋模型的缺点。不同于其他方法,本章首先构建了一种后验概率编码方法,在此基础上用累计概率直方图特征描述兴趣点上下文的结构信息。整个算法流程如图 2.4 所示。其具体流程为:① 检测时空兴趣点,生成局部外观特征;② 对局部外观特征进行聚类,构造视觉字典;③ 利用构建的编码方法对局部特征进行编码;④ 在编码的基础上用上下文描述兴趣点的时空分布,生成累计概率直方图表示;⑤ 融合累计概率直方图和外观特征直方图,训练分类器。

2.3.1 后验概率编码

在分析了已有编码方法的基础上,推广后验概率编码方法框架。定义编码系

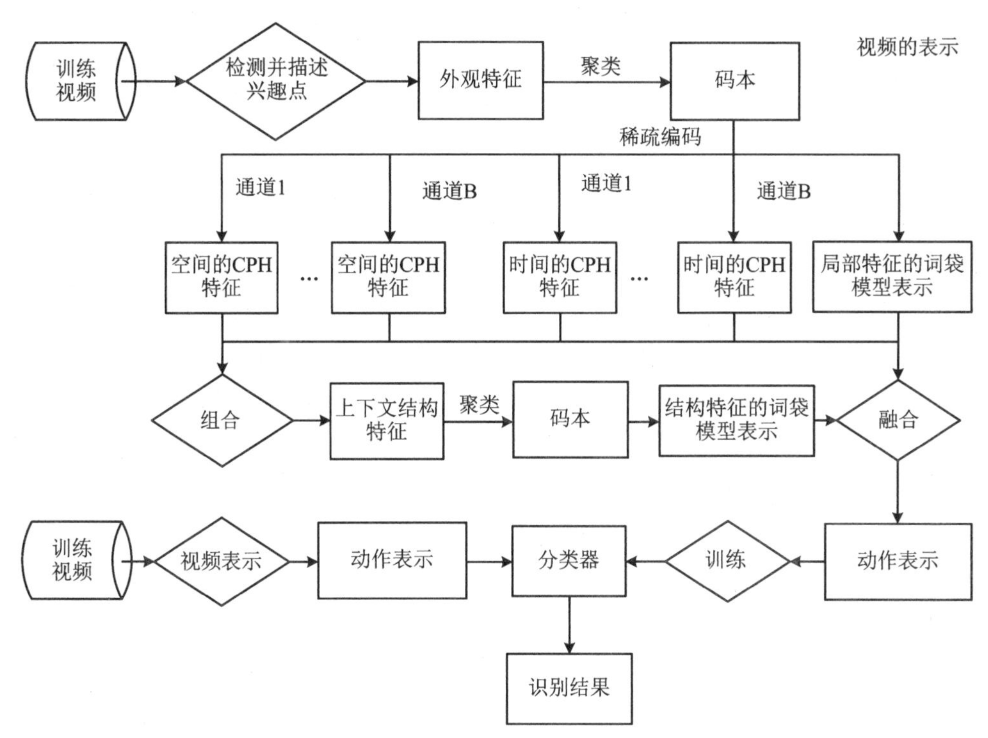

图 2.4　基于累计概率直方图特征的动作识别系统流程图

数为特征 $\boldsymbol{f}$ 属于视觉单词 $\boldsymbol{d}_j$ 的后验概率：

$$p(\boldsymbol{d}_j/\boldsymbol{f}) = \frac{1}{A}K(g(\boldsymbol{d}_j,\boldsymbol{f})) \tag{2.8}$$

其中，归一化因子 A 确保特征 $\boldsymbol{f}$ 对视觉字典的后验概率为 1，即 $\sum_j p(\boldsymbol{d}_j/\boldsymbol{f}) = 1$。函数 $g(\boldsymbol{d}_j/\boldsymbol{f})$ 度量特征 $\boldsymbol{f}$ 和视觉单词 $\boldsymbol{d}_j$ 在特征空间的相似性。$K(\cdot)$ 是核函数，通常采用高斯形状的核函数，即

$$K_\sigma(u) = \exp\left(-\frac{u^2}{2\sigma^2}\right) \tag{2.9}$$

其中，σ 为平滑因子。高斯核函数假设特征和视觉单词之间的差异符合正态分布。

在后验概率的编码框架下，基于硬编码的编码系数可表示为

$$p(\boldsymbol{d}_j/\boldsymbol{f}) = \begin{cases} 1, & j = \arg\min_k \|\boldsymbol{f} - \boldsymbol{d}_k\|_2^2 \\ 0, & \text{其他} \end{cases} \tag{2.10}$$

如前文所述，软编码方法编码时考虑所有的视觉单词，局部软编码方法编码时仅考虑最近的 k 个视觉单词，这两种方法的编码系数可统一表示为

$$p(\boldsymbol{d}_j/\boldsymbol{f}) = \frac{1}{A}K(\mathrm{dist}(\boldsymbol{d}_j,\boldsymbol{f})) \tag{2.11}$$

其中，$\mathrm{dist}(\boldsymbol{d}_j,\boldsymbol{f})$ 表示度量特征 $\boldsymbol{f}$ 和视觉单词 $\boldsymbol{d}_j$ 的空间相似性。在欧氏距离情况

下，此时框架中 $g(\boldsymbol{d}_j,\boldsymbol{f})$ 等于 $\|\boldsymbol{f}-\boldsymbol{d}_j\|_2^2$。

稀疏编码方法用视觉单词的线性组合来表示局部特征，其后验概率编码可表示为

$$p(\boldsymbol{d}_j/\boldsymbol{f})=\begin{cases}\dfrac{1}{A}K(\mathrm{err}(\boldsymbol{d}_j,\boldsymbol{f})), & \boldsymbol{d}_j\in\Gamma(\boldsymbol{f})\\ 0, & \text{其他}\end{cases} \tag{2.12}$$

其中，$\Gamma(\boldsymbol{f})$ 表示与局部特征 $\boldsymbol{f}$ 相关的视觉单词；$\mathrm{err}(\boldsymbol{d}_j,\boldsymbol{f})$ 表示视觉单词 $\boldsymbol{d}_j$ 重建特征 $\boldsymbol{f}$ 的重建误差，定义为 $\|\boldsymbol{f}-\boldsymbol{d}_j\alpha_j\|_2^2$。此时，框架中的 $g(\boldsymbol{d}_j,\boldsymbol{f})$ 等于 $\|\boldsymbol{f}-\boldsymbol{d}_j\alpha_j\|_2^2$。

与稀疏编码方法相比，基于空间相似性的编码方法概念简单、计算量小。然而它没考虑视觉单词的重建误差，即忽略了视觉单词与局部特征之间的线性相似性。一个好的编码方法在编码时不仅要考虑视觉单词与特征之间的空间相似性，而且要考虑它们之间的线性相似性。本章构建了一种新的后验概率编码方法，其编码方式定义如下：

$$p(\boldsymbol{d}_j/\boldsymbol{f})=\begin{cases}\dfrac{1}{A}\exp\left(-\dfrac{\|\boldsymbol{f}-\boldsymbol{d}_j\|_2^2}{2\sigma_1^2}\right)\exp\left(-\dfrac{\|\boldsymbol{f}-\boldsymbol{d}_j\alpha_j\|_2^2}{2\sigma_2^2}\right), & \boldsymbol{d}_j\in N_k(\boldsymbol{f})\\ 0, & \text{其他}\end{cases}$$
$$\text{s.t.}\quad \boldsymbol{\alpha}=\arg\min_{\boldsymbol{\alpha}}\frac{1}{2}\left\|\boldsymbol{f}-\sum_{j=1}^{k}\boldsymbol{d}_j\alpha_j\right\|_2^2 \tag{2.13}$$

其中，$N_k(\boldsymbol{f})$ 表示特征 $\boldsymbol{f}$ 最近邻的 k 个视觉单词的集合。

分析式(2.13)可知，当 σ_2 趋于无穷大时，提出的编码方法退化为局部软编码；当 σ_1 趋于无穷大时，提出的编码方法仅考虑最近邻的 k 个视觉单词的重建能力。一个视觉单词距局部特征越近，且和局部特征越线性相似，则会被分配越大的编码值。在式(2.13)计算中，$\mathrm{err}(\boldsymbol{d}_j,\boldsymbol{f})$ 和 $\mathrm{dist}(\boldsymbol{d}_j,\boldsymbol{f})$ 分别除以对应的最大值归一化到 $(0, 1]$。与稀疏编码方法相比，本章提出的编码方法也能产生稀疏的表示。编码系数的稀疏度由近邻视觉单词数目 k 决定。

确定 k 个最近邻视觉单词，将其一列一列地排列起来，形成最近邻字典 $\widetilde{\boldsymbol{D}}$，式(2.13)中 $\boldsymbol{\alpha}$ 可解析计算为

$$\boldsymbol{\alpha}=(\widetilde{\boldsymbol{D}}^{\mathrm{T}}\widetilde{\boldsymbol{D}})^{-1}\widetilde{\boldsymbol{D}}^{\mathrm{T}}\boldsymbol{f} \tag{2.14}$$

总的来说，硬编码方法在编码时仅考虑最近的一个视觉码本元素；软编码方法考虑所有的视觉单词，该方法的编码不具有稀疏性；局部软编码方法仅考虑最近邻的 k 个视觉单词。这三种方法考虑了视觉单词和特征间的空间相似性。基于稀疏编码的方法在编码时考虑了视觉单词和特征间的线性相似性，本章构建的后验概率编码方法在编码时既考虑了空间相似性，又考虑了线性相似性，能较好地保留由视觉字典张成的局部流形结构。

2.3.2　累计概率直方图

词袋模型忽略时空兴趣点的时空分布，仅依赖于视频的全局统计特性，第2.2.2节介绍了一些基于硬编码的时空描述方法。基于构建的后验概率编码方法，本章构建了累计概率直方图特征描述兴趣点的结构。在兴趣点多尺度上下文范围内描述兴趣点空间分布以及时间顺序分布，作为兴趣点的时空分布。

上下文信息广泛地应用于物体识别领域，这是因为每个物体不会孤立地存在，而会或多或少地与其他物体、环境产生联系。同理，一个动作通常发生在人体部位交互或人与物品交互的地方，上下文信息对动作识别来说具有重要的作用。已有一些研究采用上下文信息进行动作识别，如Wang等人[131]将兴趣点的交互信息表示为上下文范围内的视觉单词密度估计。首先计算多尺度上下文范围内的兴趣点密度，然后串联所有上下文密度特征作为中心兴趣点的结构表示。Wu等人[37]把视频分割的时间段定义为上下文，计算了上下文范围内兴趣点的相对位置。在动作识别领域，上下文通常指的是场景中物体的结构信息，可以是全局的，也可以是局部的。全局上下文常常将场景的结构作为动作全局信息之一；局部上下文捕获物体或区域的局部分布。这两种上下文都有利于动作识别任务。本章利用多尺度局部上下文描述时空兴趣点的局部精细时空分布。

考虑时空兴趣点 p_i，其可用一个元组进行描述：$\{\boldsymbol{u}_i, \boldsymbol{f}_i, \boldsymbol{v}_i\}$，其中，$\boldsymbol{u}_i = \{x_i, y_i, t_i\}$表示该点的三维时空坐标，$\boldsymbol{f}_i$ 表示局部特征，$\boldsymbol{v}_i$ 表示该兴趣点的后验概率编码。本章将兴趣点的上下文结构信息表示为上下文范围内兴趣点的空间分布和时间顺序分布。兴趣点 p_i 的局部上下文定义为以 p_i 为中心的局部时空立方体。为了充分描述兴趣点的上下文结构信息，将构造 B 组金字塔，并计算 B 组特征。每组金字塔由 L 层相似立方体组成。如图2.5所示（为了清晰可见，图中没有显示时间维度），同组金字塔内的立方体具有相同的时空比，但是具有不同的大小。不同组内的立方体具有不同的时空比，且具有不同的大小。

定义第 b 组金字塔的第一层立方体的边长为 $\boldsymbol{E}_{b,1} = [E_{b,1}^{(x)}, E_{b,1}^{(y)}, E_{b,1}^{(z)}]$，其中，$E_{b,1}^{(x)}$，$E_{b,1}^{(y)}$和 $E_{b,1}^{(z)}$分别表示水平方向、垂直方向和时间方向的边长，第 l 层立方体边长则可以表示为 $\lambda l \times \boldsymbol{E}_{b,1}$。落在兴趣点 p_i 的第 l 个上下文范围内的时空兴趣点定义为

$$N_{b,l}^{p_i} = \left(p_j \in P \;\middle|\; |\boldsymbol{u}_j - \boldsymbol{u}_i| \leqslant \frac{1}{2}\lambda l \times \boldsymbol{E}_{b,1} \right) \tag{2.15}$$

其中，P 表示所有时空兴趣点的集合，λ 为尺度因子。

将上下文立方体向 x-y 空间平面进行投影，计算空间累计概率直方图特征作为兴趣点空间分布特征。将围绕兴趣点 p_i 的上下文投影空间等分成 N 份，空间累计概率直方图特征则可用一个大小为 $L \times NC$ 的矩阵表示，矩阵的第 l 行记录

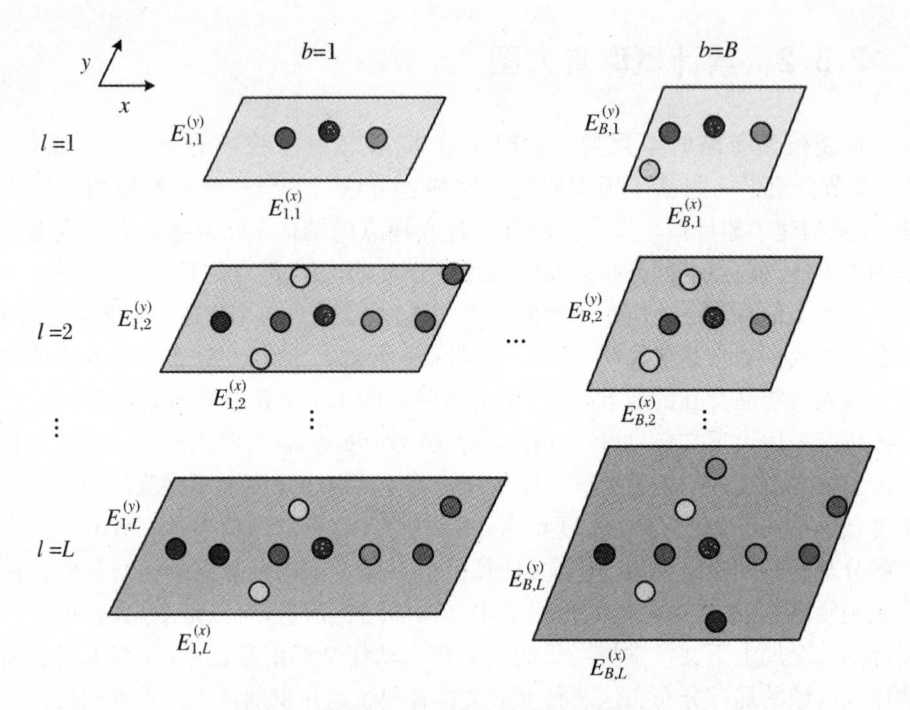

图 2.5　提取多尺度上下文结构信息示意图

前面所有 0 至 $l-1$ 层金字塔的累计概率直方图；每行的每个元素记录了按照视觉单词区分的在对应区间的所有兴趣点的累计概率。图 2.6 展示了一个简单计算示例，其中，$L=2$，$N=4$，$J=4$。图中 $\boldsymbol{v}_j=[p(\boldsymbol{d}_1/\boldsymbol{f}_j),p(\boldsymbol{d}_2/\boldsymbol{f}_j),\cdots,p(\boldsymbol{d}_M/\boldsymbol{f}_j)]$ $(j=1,2,3,4)$ 表示兴趣点 p_j 到每个视觉单词的后验概率，$\mathbf{0}$ 表示长度为 M 的零向量，运算符$\oplus$表示向量求和运算。将该概率矩阵转换成长度为 LNC 的一维向量 $\boldsymbol{s}_i^b$，$\boldsymbol{s}_i^b$ 则是兴趣点 p_i 的第 b 组上下文的空间结构特征，表示为

$$\boldsymbol{s}_i^b = [\phi_{111},\phi_{112},\cdots,\phi_{ijt},\cdots] \tag{2.16}$$

其中，$i=1,2,\cdots,L$；$j=1,2,\cdots,N$；$t=1,2,\cdots,M$。

将上下文立方体向时间轴投影，计算时间累计概率直方图特征作为兴趣点的时间顺序分布特征。时间累计概率直方图可用大小为 $L\times 2M$ 的矩阵表示，矩阵的第 l 行记录前面所有 0 至 $l-1$ 层金字塔的累计概率直方图；每行的每个元素记录发生在兴趣点 p_i 之前和之后的，按照视觉单词区分的所有兴趣点的累计概率。将该概率矩阵转换成长度为 $2ML$ 的一维向量 $\boldsymbol{t}_i^b$，$\boldsymbol{t}_i^b$ 描述了兴趣点 p_i 在第 b 组上下文的时间结构特征，表示为

$$\boldsymbol{t}_i^b = [\varphi_{111},\varphi_{112},\cdots,\varphi_{ijt},\cdots] \tag{2.17}$$

其中，$i=1,2,\cdots,L$；$j=1,2,\cdots,N$；$t=1,2,\cdots,M$。

时空兴趣点 p_i 的第 b 组上下文的时空信息可用一个元组$\{\boldsymbol{s}_i^b,\boldsymbol{t}_i^b\}$表示。定义 $\boldsymbol{H}_{pi}^b=\{\boldsymbol{H}_{sb}\parallel\boldsymbol{H}_{tb}\}$，其中，符号“$\parallel$”表示串联运算符。$\boldsymbol{H}_{sb}$ 和 $\boldsymbol{H}_{tb}$ 分别为 $\boldsymbol{s}_i^b$ 和 $\boldsymbol{t}_i^b$ 的

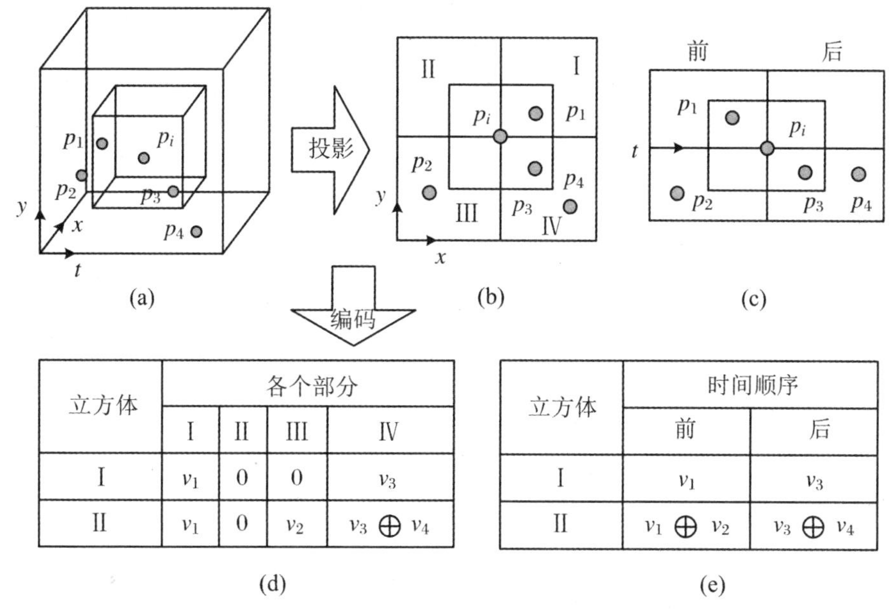

立方体	各个部分			
	I	II	III	IV
I	v_1	0	0	v_3
II	v_1	0	v_2	$v_3 \oplus v_4$

立方体	时间顺序	
	前	后
I	v_1	v_3
II	$v_1 \oplus v_2$	$v_3 \oplus v_4$

图 2.6　累计概率直方图特征计算示例

归一化表示：

$$\begin{cases} \boldsymbol{H}_{sb} = [\phi_{111} / \sum_{t=1}^{C} \phi_{11t}, \cdots, \phi_{ijt} / \sum_{t=1}^{C} \phi_{ijt}, \cdots] \\ \boldsymbol{H}_{tb} = [\varphi_{111} / \sum_{t=1}^{C} \varphi_{11t}, \cdots, \varphi_{ijt} / \sum_{t=1}^{C} \varphi_{ijt}, \cdots] \end{cases} \tag{2.18}$$

每组上下文的累计概率直方图特征捕获了不同时空尺度下的兴趣点结构信息，为了有效利用每一组的特征，定义平均直方图 $\bar{\boldsymbol{H}}_{pi}$ 为

$$\bar{\boldsymbol{H}}_{pi} = \frac{1}{B} \sum_{b} \boldsymbol{H}_{pi}^{b} \tag{2.19}$$

则 $\bar{\boldsymbol{H}}_{pi}$ 描述了兴趣点 p_i 的上下文结构信息。

2.3.3　行为分类

本章所有实验均采用支持向量机作为分类器。本节首先介绍支持向量机原理，然后介绍分类方案。

1. 支持向量机

支持向量机是基于最大间隙原则的一种机器学习方法，也是应用非常广泛的一种判别式分类器。支持向量机利用超平面区分特征空间的两类数据，且要求最大化两类数据中距离超平面最近的样本点之间的距离，通常称这个超平面为线性分类器。图 2.7 所示的二维特征空间中,圆形点和方形点分别表示正样本和负样本。样本能够被直线 H 准确无误地分类,这种情况被称为线性可分。此外,距超平面 H 最近的样本数据与超平面之间的距离最大。令 H_1 和 H_2 分别是两类样本离 H 最近的点构成且平行于 H 的直线,即 H_1 和 H_2 之间的距离最大,直线 H_1 和 H_2 上的样本点为支持向量。一般情况下,样本集合表示为 $\{\boldsymbol{x}_i, y_i\}(i=1,2,\cdots,N)$,其中样本特征向量 $\boldsymbol{x}_i\in\mathbb{R}^d$,样本类别 $y_i\in\{1,-1\}$。线性判别函数可以表示为 $f(\boldsymbol{x})=\boldsymbol{w}^{\mathrm{T}}\boldsymbol{x}+b$,超平面的方程则定义为

$$\boldsymbol{w}^{\mathrm{T}}\boldsymbol{x}+b=0 \tag{2.20}$$

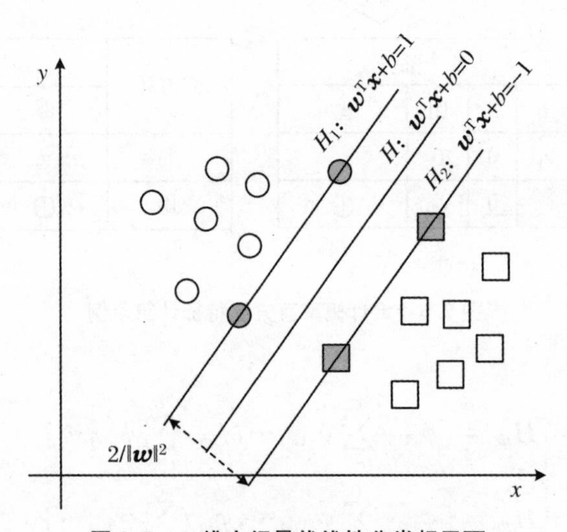

图 2.7　二维空间最优线性分类超平面

归一化判别函数,要求正负样本到分类面的距离至少为 1,此时不难得到 H_1 和 H_2 之间的距离 $D=2/(\boldsymbol{w}^{\mathrm{T}}\boldsymbol{w})$,最大化距离问题则转化为约束条件下最小化 $\boldsymbol{w}^{\mathrm{T}}\boldsymbol{w}$ 的问题。计算分类超平面问题变为如下二次规划问题:

$$\begin{aligned}&\min_{w,b}\frac{1}{2}\|\boldsymbol{w}\|^2\\&\text{s.t.}\quad y_i(\boldsymbol{w}^{\mathrm{T}}\boldsymbol{x}_i+b)\geqslant 1,\quad \forall i=1,2,\cdots,N\end{aligned} \tag{2.21}$$

该问题是不等式约束下的严格凸规划问题,存在唯一解$(\boldsymbol{w}^*, b^*)$。当样本线性不可分时,引入非负松弛变量 ξ_i。分类超平面最优化问题改写为

$$\begin{aligned}&\min_{w,b,\xi}\frac{1}{2}\|\boldsymbol{w}\|^2+C\sum_{i=1}^{N}\xi_i\\&\text{s.t.}\quad y_i(\boldsymbol{w}^{\mathrm{T}}\boldsymbol{x}_i+b)\geqslant 1-\xi_i,\quad \xi_i\geqslant 0,\forall i=1,2,\cdots,N\end{aligned} \tag{2.22}$$

其中,C 为惩罚参数,C 越大表示对错误分类的惩罚越大。解决这个问题通常是利用拉格朗日法将不等式约束问题转换为无约束问题。构造拉格朗日函数:

$$L=\frac{1}{2}\|\boldsymbol{w}\|^2+C\sum_{i=1}^{N}\xi_i-\sum_{i=1}^{N}\alpha_i[y_i(\boldsymbol{w}^{\mathrm{T}}\boldsymbol{x}_i+b)-1+\xi_i]-\sum_{i=1}^{N}\beta_i\xi_i \tag{2.23}$$

其中，α_i，β_i 分别为拉格朗日乘子。分别求 L 对 $\boldsymbol{w}$，b 和 ξ 的一阶偏导数，并令它们等于零：

$$\frac{\partial L}{\partial \boldsymbol{w}} = \boldsymbol{w} - \sum_{i=1}^{N} \alpha_i y_i \boldsymbol{x}_i = 0 \tag{2.24}$$

$$\frac{\partial L}{\partial b} = -\sum_{i=1}^{N} \alpha_i y_i = 0 \tag{2.25}$$

$$\frac{\partial L}{\partial \xi_i} = C - \alpha_i - \beta_i = 0 \tag{2.26}$$

将式(2.13)至式(2.15)代入式(2.12)有

$$\begin{aligned} Q(\boldsymbol{\alpha}) &= \max_{\boldsymbol{\alpha}} \left(\sum_{i=1}^{N} \alpha_i - \frac{1}{2} \sum_{i=1}^{N} \sum_{j=1}^{N} \alpha_i \alpha_j y_i y_j \boldsymbol{x}_i^{\mathrm{T}} \boldsymbol{x}_j \right) \\ \text{s.t.} \quad & 0 \leqslant \alpha_i \leqslant C \\ & \sum_{i=1}^{N} \alpha_i y_i = 0 \end{aligned} \tag{2.27}$$

式(2.27)为式(2.23)的对偶问题。依据对偶原理，原问题具有最优解（$\boldsymbol{w}^*$，b^*），其对偶问题也具有最优解 $\boldsymbol{\alpha}^* = (\alpha_1^*, \alpha_2^*, \cdots, \alpha_N^*)$。由 Kuhn-Tucker 条件知，该最优化问题的解必须满足条件：

$$\alpha_i^* [y_i(\boldsymbol{w}^{\mathrm{T}} \boldsymbol{x}_i + b) - 1 + \xi_i] = 0 \tag{2.28}$$

对于大多数样本 $\boldsymbol{x}_i$，满足 $|\boldsymbol{w}^{\mathrm{T}} \boldsymbol{x}_i + b| > 1$，因此 $\alpha_i^* = 0$。取值不为 0 的 α_i^* 则对应满足 $|\boldsymbol{w}^{\mathrm{T}} \boldsymbol{x}_i + b| \leqslant 1$ 的样本，即支持向量。参数 b 可由任意的支持向量通过式(2.28)求解得到。求解出模型参数 $\boldsymbol{w}$ 和 b 之后，由图 2.7 可知决策函数为

$$f^*(\boldsymbol{x}) = \operatorname{sign}(< \boldsymbol{w}^*, \boldsymbol{x} > + b^*) \tag{2.29}$$

其中，sign（・）为符号函数。为了加快计算速度，一些优化的运算方法也提了出来，其中序列最小优化算法（sequential minimal optimization，SMO）[132]广泛应用于训练 SVM，避免了昂贵的第三方二次规划工具，并在通行的 SVM 库 Libsvm 中得到实现。

为了处理特征空间样本线性不可分问题，采用非线性映射，将特征映射到线性可分的高维空间。由上述介绍可知，训练支持向量机需要计算样本特征向量之间的内积。支持向量机用 Mercer 核隐式计算高维空间中特征向量之间的内积。满足 Mercer 条件的函数 $\kappa(\cdot)$ 计算样本特征向量之间的内积时，相当于计算经过某个映射 ϕ 映射后的特征向量内积，即 $\kappa(\boldsymbol{x}, \boldsymbol{y}) = \langle \phi(\boldsymbol{x}), \phi(\boldsymbol{y}) \rangle$。通常函数 $\kappa(\boldsymbol{x}, \boldsymbol{y})$ 称为核函数，它是支持向量机处理非线性数据的关键。常见的核函数主要有线性核（式(2.30)）、多项式核（式(2.31)）、径向基核（RBF，式(2.32)）、Sigmoid 核（式(2.33)）、Chi-square 核（式(2.34)）以及直方图交叉核（式(2.35)）。

$$\kappa(\boldsymbol{x}, \boldsymbol{y}) = \boldsymbol{x}^{\mathrm{T}} \boldsymbol{y} + c \tag{2.30}$$

$$\kappa(\boldsymbol{x}, \boldsymbol{y}) = (\boldsymbol{\alpha x}^{\mathrm{T}} \boldsymbol{y} + c)^d \tag{2.31}$$

$$\kappa(\boldsymbol{x},\boldsymbol{y}) = \exp(-\gamma\|\boldsymbol{x}-\boldsymbol{y}\|^2) \tag{2.32}$$

$$\kappa(\boldsymbol{x},\boldsymbol{y}) = \tanh(\boldsymbol{\alpha}\boldsymbol{x}^{\mathrm{T}}\boldsymbol{y}+c) \tag{2.33}$$

$$\kappa(\boldsymbol{x},\boldsymbol{y}) = 1-2\sum_{i}^{n}\frac{(x_i-y_i)^2}{(x_i+y_i)^2} \tag{2.34}$$

$$\kappa(\boldsymbol{x},\boldsymbol{y}) = \sum_{i=1}^{n}\min(x_i,y_i) \tag{2.35}$$

图 2.8 展示了用 SVM 对二维空间特征分类。图 2.8(a)为采用线性分类器的结果;图 2.8(b)为采用 RBF 核函数的结果。可见,核函数确实能够很好地处理非线性分类问题。

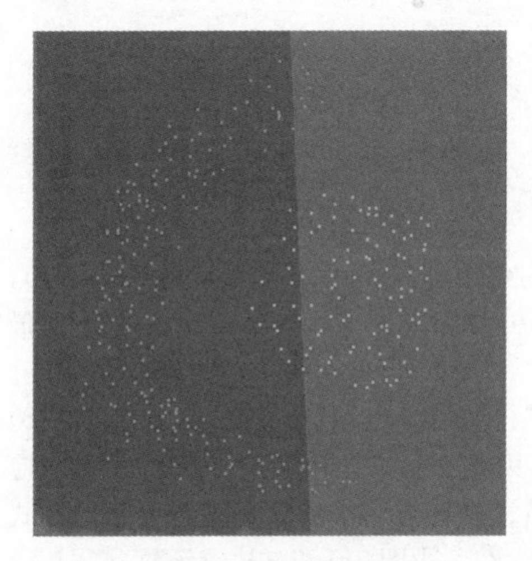

(a) 线性核

(b) RBF核

图 2.8　支持向量机分类示例图

用 SVM 处理多类分类时,可采用 one-vs-one 策略[133]、one-vs-rest(或 one-vs-all)策略[133]、多类 SVM[134]和结构 SVM[135]。one-vs-one 是将多类分类任务处理成多个二分类问题,然后采取投票法得到最终的分类结果。如对 C 类分类任务,共需要训练 $C(C-1)/2$ 个二分类分类器,每个训练的分类器对数据进行分类,得票最多的类别即为样本的分类类别。one-vs-rest 策略是将 C 类分类问题分为 C 个二类分类问题,也就是对每一类训练一个二分类器。当前类作为正样本,而把其他的所有类样本看作负样本。对新的样本,依次用 C 个分类器进行分类,分类得分值最大的类作为新样本的类别。多类 SVM 则是对二分类 SVM 的多类扩展。结构 SVM 将多类分类问题看作一种结构,每个结构对应一个动作类别。

2. 分类方案

为了验证本节构建的累计概率直方图特征的有效性以及累计概率直方图和局部时空特征的互补性,本章采用两种实验方案。一是直接利用累计概率直方图特征进行分类实验，采用基于 Chi-Square 核的支持向量机作为分类器。二是拼接累计概率直方图特征和局部时空特征，形成动作视频表示，并采用基于 Chi-Square 核的支持向量机作为分类器。这两种方案均采用 one-vs-one 分类策略。

2.4　实验与分析

为了验证算法的有效性，本章分别使用 KTH 数据库、ADL 数据库、UCF Sports 数据库以及 HMDB51 数据库进行实验，这些数据库的具体内容见 1.4 节。

2.4.1　实验设计

采用 Laptev 等人提出的 Harris 3D 检测器检测时空兴趣点[①]，梯度直方图和光流直方图描述子提取兴趣点的局部特征，软件设置均采用默认参数。构造 15 组金字塔提取兴趣点上下文结构特征，每组金字塔共有 5 层，这足以捕获时空兴趣点邻域的复杂结构信息。15 组金字塔的第一层立方体半边长为 $\{i,i,j\}$ 的所有组合，其中，$i=1,2,3,4,5$，$j=1,2,3$。式(2.15)中的尺度因子 λ 设置为 1。将投影的空间上下文平面分成 8 等份。后验概率编码的最近邻视觉单词数目 k 设置为 3。对 ADL、UCF Sports 和 HMDB51 数据库中视频均进行空间下采样至原始视频空间分辨率的一半，确保实验中采用一致的上下文参数。上下文结构特征向量用主成分分析降维至 300 维，降维后的上下文结构特征用 K 均值算法聚类生成视觉字典，建立视觉词袋模型表示。KTH、ADL 和 UCF Sports 数据库的视觉字典大小设置为 1000($M=1000$)，HMDB51 数据库的视觉字典大小设置为 4000($M=4000$)。最后，采用基于 Chi-square 核的支持向量机进行行为分类。

2.4.2　KTH 数据库行为分类实验

在 KTH 数据库上，大部分采用留一法(leaving-one-out cross validation, LOOCV)验证策略，即每次 24 个实验者的所有动作视频作为训练样本，1 个实验者的动作视频作为测试样本，总共进行 25 次测试，并计算平均识别率。本章遵循这种分类验证策略，计算 25 次测试的平均识别率。图 2.9 展示了不同的编码方法(硬编码、局部软编码、本章构建的编码方法)和视觉字典大小对识别率的影响，并测试了直接串联累计概率直方图特征和局部特征的词袋模型特征(组合特征)的分

① http://www.di.ens.fr/~laptev/download.html.

类效果。观察到，随着视觉单词数目 M 的逐渐增大，所有方法的识别率越来越高。这是因为随着视觉单词数目的增大，可以更好地保留局部流形结构。在累计概率直方图框架下，构建的后验概率编码方法具有更好的识别效果。当视觉单词数目等于 1000 时，最优参数下（$\sigma_1=0.4$，$\sigma_2=0.8$），CPH 特征达到了 95.99% 的识别率。融合局部特征词袋模型表示后的识别率达到了 96.33%。图 2.10 观察了在相同的参数下（$M=1000$），编码最近邻单词数目 k 对 CPH 特征识别效果的影响。观察到较小的 k 具有更好的识别结果，这是因为较小的 k 能更好地描述局部流形

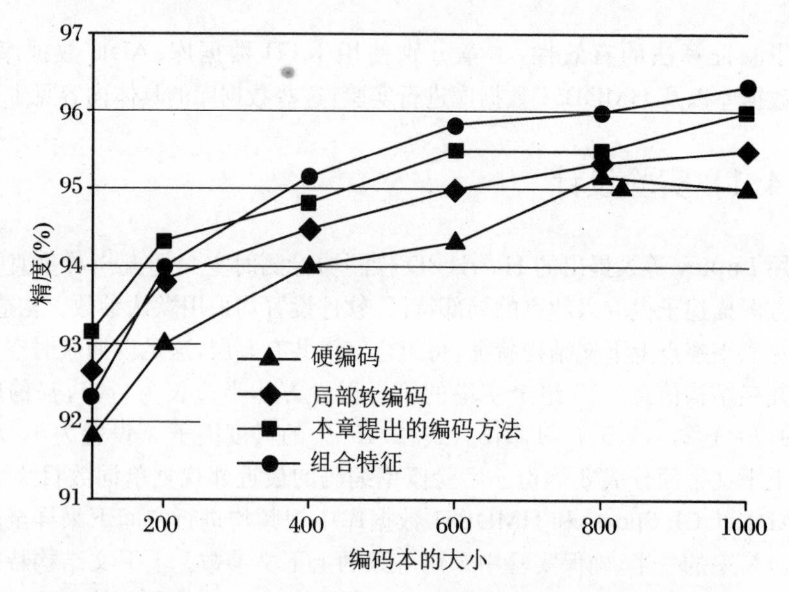

图 2.9　不同码本大小和编码方法在 KTH 数据库上的分类性能比较

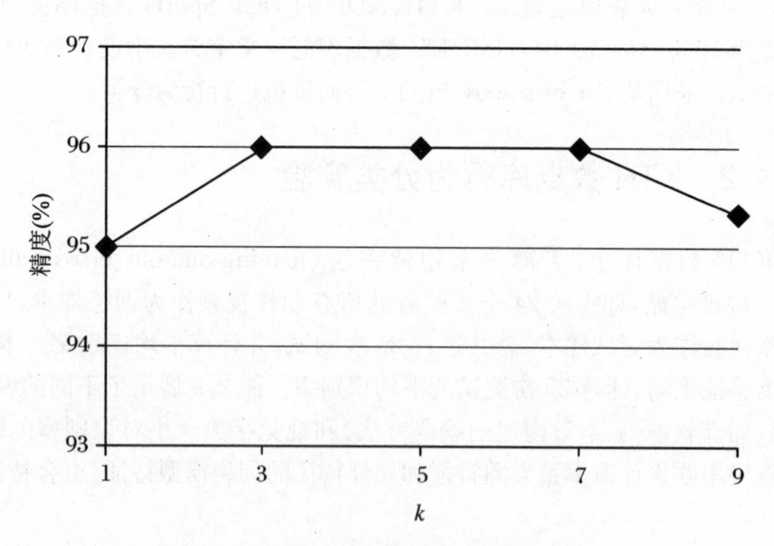

图 2.10　编码方法中不同 k 的性能比较

结构。图 2.11 分别给出了基于累计概率图特征和融合局部特征表示后的混淆矩阵，观察到混淆通常发生在“慢跑”和“跑步”之间，这两个动作本身非常相似，较难以分类。表 2.1 对本章构建的方法和当前代表性的描述兴趣点结构的方法进行了比较。相同验证策略下，本章方法取得了更高的识别率。

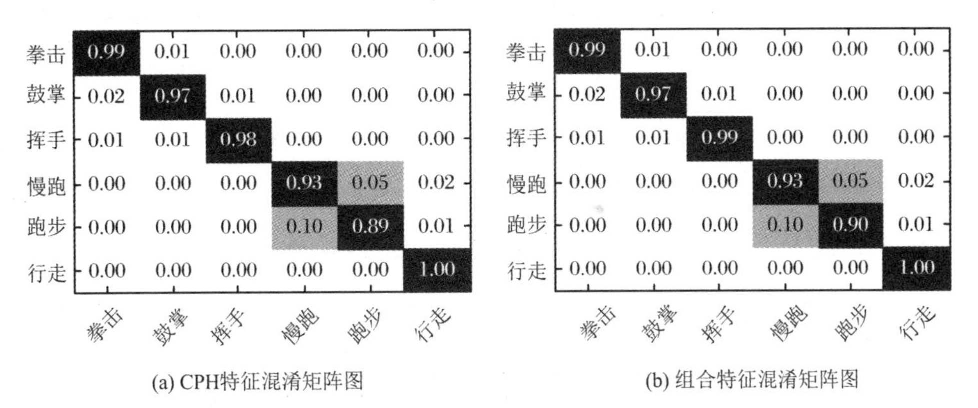

(a) CPH特征混淆矩阵图　　(b) 组合特征混淆矩阵图

图 2.11 KTH 数据库混淆矩阵图

表 2.1　本章方法与其他方法在 KTH 数据库上分类效果的比较

方　法	识别率(%)
Wang 方法[58]	92.1
Kovashka 方法[129]	94.53
Wang 方法[131]	93.8
Wu 方法[37]	94.5
Liu 方法[9]	92.3
Zhao 方法[38]	92.12
Yuan 方法[53]	95.49
本章 CPH 方法	95.99
本章组合特征方法	96.33

2.4.3　ADL 数据库行为分类实验

采用留一法进行验证。每次 4 个实验者的所有动作视频作为训练样本，剩余 1 个实验者的所有动作视频作为测试样本，5 次留一法识别结果的平均作为方法的最终识别结果。如 2.4.1 节所述，k 和 M 分别设置为 3 和 1000。最优参数下（$\sigma_1=0.6$，$\sigma_2=1.0$），CPH 特征达到 96%的识别率，融合局部特征词袋模型表示，最终识别率达到 96.67%。图 2.12 给出了 ADL 数据库的混淆矩阵，观察到“拨打电话”和“接电话”通常难以区分，这是因为这两个动作具有相似的结构和外观，区分度较小。表2.2将本章方法和描述兴趣点结构的方法进行了比较，融合局部特征词袋模型的表示达到了最好的识别效果。

表2.2 不同方法在ADL数据库上的性能比较

方 法	识别率(%)
Messing方法[112]	89
Wang方法[131]	96
Bilinski方法[130]	93.33
本章CPH方法	96
本章组合特征方法	96.67

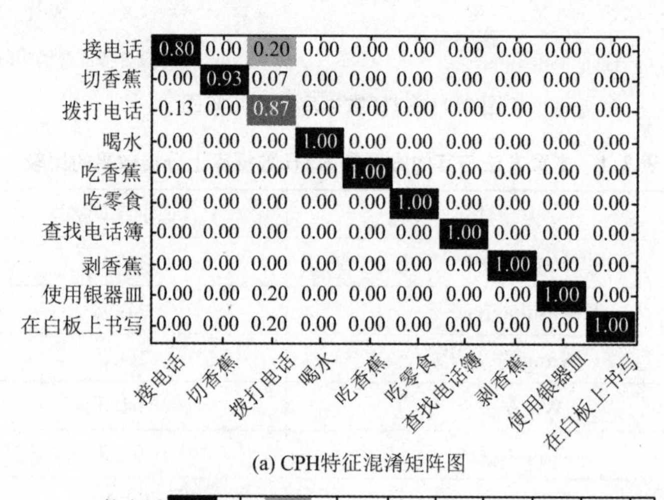

(a) CPH特征混淆矩阵图

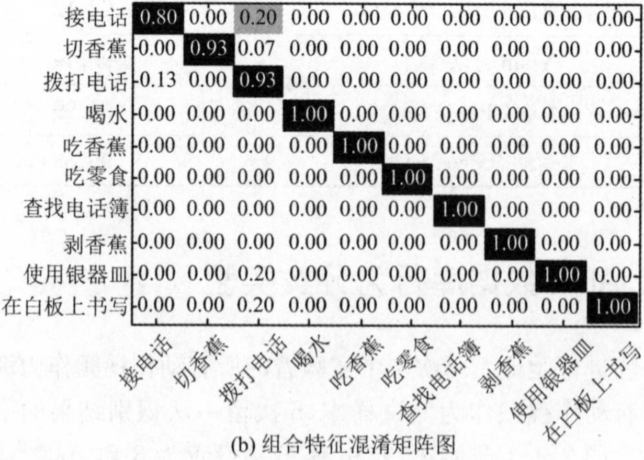

(b) 组合特征混淆矩阵图

图2.12 ADL数据库混淆矩阵图

2.4.4 UCF Sports 数据库行为分类实验

原始的 UCF Sports 数据库共有 150 个动作视频，该数据库具有较大的类内差异。按照 Wang 等人[52]的建议，增加数据库样本数目。对每个动作视频进行水平翻转并加入到数据库中，这样共有 300 个动作视频。采取留一法进行测试，每个原始视频作为测试视频，所有其他的视频（包括水平翻转的视频，但不包括测试视频的翻转视频）作为训练视频，并统计最终平均识别率。如表 2.3 所示，最优参数下（$\sigma_1=1.0$，$\sigma_2=2.0$），CPH 特征识别率达到了 92%；融合局部特征词袋模型表示，识别率也达到了 92%。在相同评价策略下，本章方法取得了更高的识别率。图 2.13 给出了 UCF Sports 数据库的混淆矩阵，观察到组合的特征提高了“跑步”和“滑板”动作的识别率，但是降低了“高尔夫”和“踢”动作的识别率，原因可能是该数据库具有较大的类内变化。

表 2.3　不同方法在 UCF Sports 数据库上的性能比较

方　法	识别率(%)
Wang 方法[58]	85.6
Kovashka 方法[129]	87.27
Wang 方法[63]	88.2
Wu 方法[37]	91.3
Yuan 方法[53]	87.33
本章 CPH 方法	92
本章组合特征方法	92

2.4.5 HMDB51 数据库行为分类实验

HMDB51 数据库是一个相对比较复杂的数据库，原始的数据库共有两种类型的视频，一是包括相机运动的原始视频，二是对相机运动进行补偿后的视频。实验中采用原始的视频数据，依据作者提供的三个训练测试分类方法，即每类动作中 70 个视频作为测试样本，共有 3570 个，每类动作中 30 个视频作为测试样本，共有 1530 个；最后统计 3 次测试的平均识别率。如表 2.4 所示，在最优参数下（$\sigma_1=0.8$，$\sigma_2=1.2$），CPH 特征的识别率为 27.57%；融合局部特征词袋模型表示，识别率达到了 29.60%。TRAJMF、DSC 和 dense trajecotry 方法效果较好，最好的方法达到了 57.2%的识别率，注意到这些方法采用的是最近 Wang 等人提出的稠密轨迹法特征，该特征在 HMDB51 数据库上效果显著，但是基于稠密的表示计算量

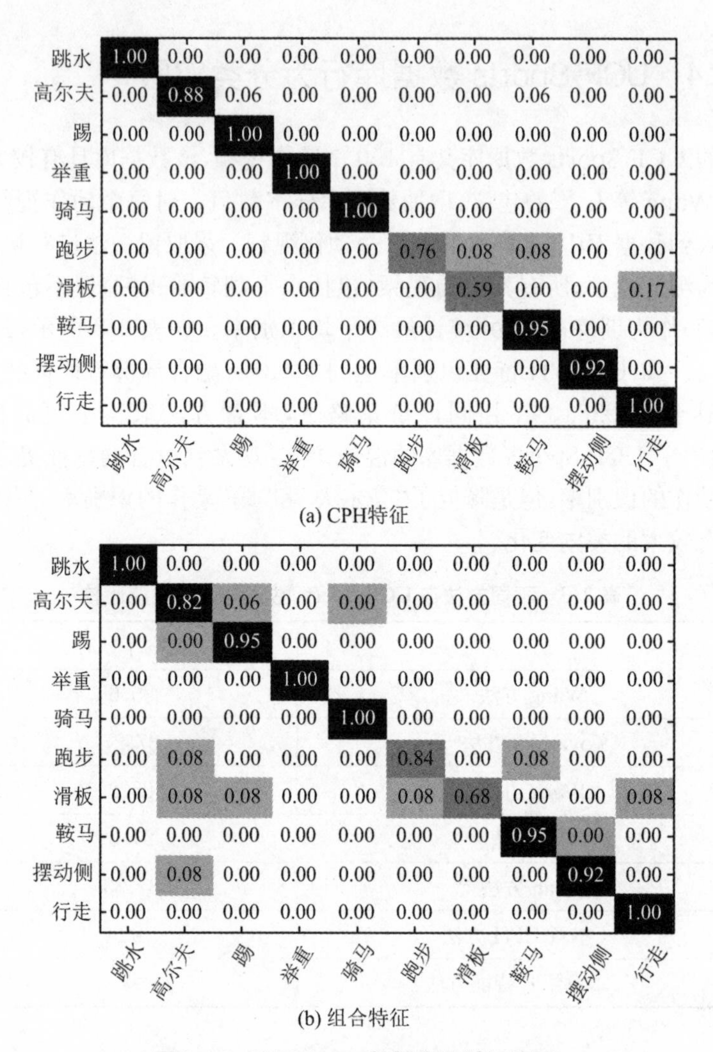

(a) CPH特征

(b) 组合特征

图 2.13 UCF Sports 数据库混淆矩阵图

太大。本章实验中采用的是 HOG/HOF 特征，基于 HOG/HOF 特征表示的方法识别率仅为 20.44%。CPH 组合特征将识别率提高了 9.16%，比采用 C2 特征的方法识别率提高了 6.77%。因为 HMDB51 类别数过多，在表达各类行为的识别效果时，不便于在图中依次写出每个类别的名称，所以用 1～51 的序号依次表示各行为类别，1～51 对应的行为类别依次为：梳头发、侧手翻、抓、咀嚼、拍手、爬山、爬楼、跳水、拔剑、运球、喝、吃、倒地、击剑、后空翻、打高尔夫、倒立、击打、拥抱、跳、踢、踢球、亲吻、大笑、捡起、倾倒、引体向上、拳击、推、俯卧撑、骑自行车、骑马、跑步、握手、投球、射箭、射击、坐下、仰卧起坐、微笑、吸烟、翻跟头、站立、摆动棒球、击剑、练剑、讲话、扔东西、转身、行走、挥手。同时在后续的第 3～6 章中同样涉及该数据库的行为识别效果表示图，也使用相同的 1～51 序号表示各行为类别。本章采用柱状图显示每类行为识别效果，如图 2.14 所示。

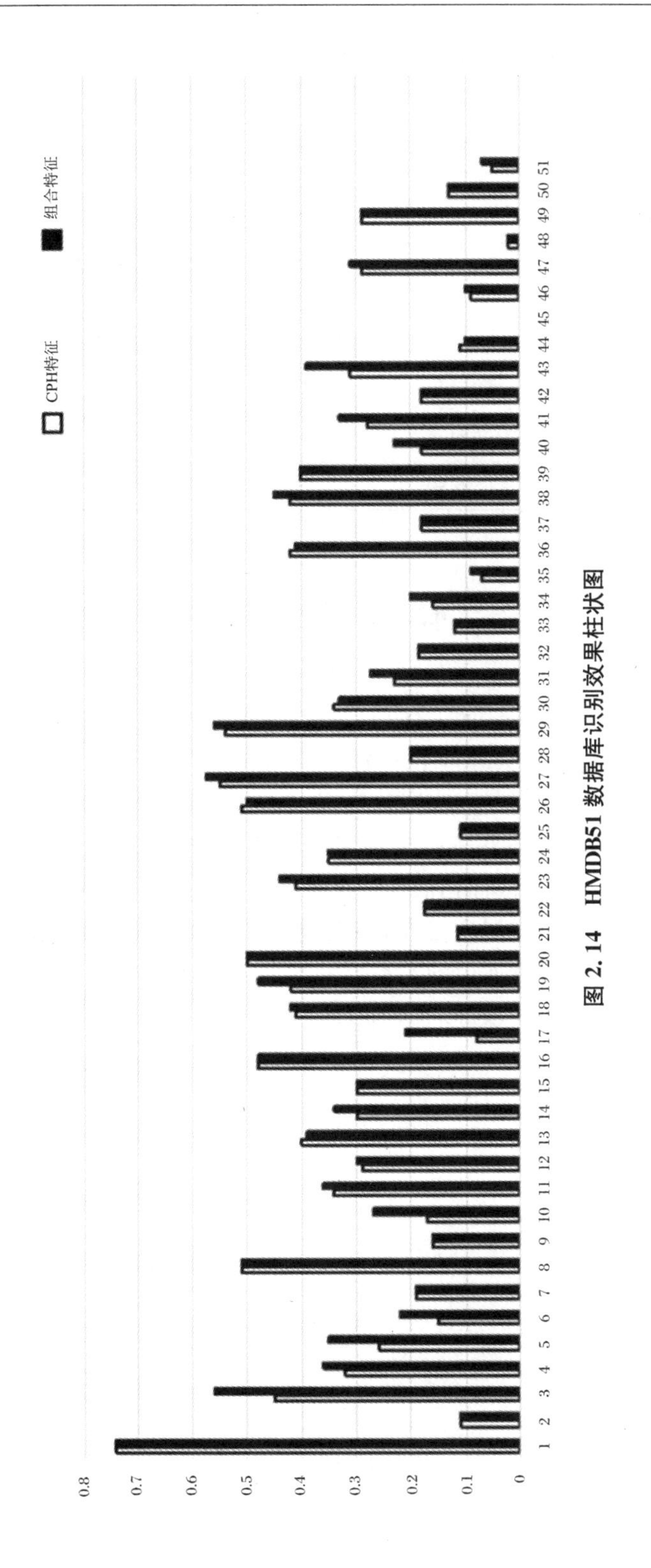

图 2.14　HMDB51 数据库识别效果柱状图

表 2.4 不同方法在 HMDB51 数据库上的性能比较

方法	识别率(%)
HOG/HOF[68]	20.44
C2[136]	22.83
Motion Interchange Pattern[21]	29.2
TRAJMF[137]	40.7
DSC[138]	52.1
dense trajectory[65]	57.2
本章 CPH 方法	27.57
本章组合特征方法	29.60

本章小结

本章对基于词袋模型表示的人体行为识别进行了研究。分析了该模型的两个重大缺点,构建了一种基于兴趣点上下文结构信息的动作表示方法。首先,推广了后验概率编码框架,并基于该框架分析了目前主流的编码方法。在此框架上,构建了一个新的编码方法。该方法不仅考虑了视觉单词与局部特征之间的空间相似性,而且考虑了它们之间的线性相似性。在该编码方法基础上,构建了累计概率直方图特征描述时空兴趣点的时空分布,将兴趣点时空分布信息建模为空间分布和时间顺序分布。在四个数据库上的实验结果表明,在相同的特征表示下,构建的累计概率直方图特征都取得了较好的识别效果。

第3章　基于判别时空部件的人体行为识别

3.1　引　　言

文本可以用单词这种最基本的单元表示，但在计算机视觉领域中，关于视觉信息的最基本表示单元问题却一直悬而未决。到目前为止，人们已经提出了各种各样的视觉特征来表示单元，有局部的、全局的，有低级的、高级的。基于局部特征的人体行为识别系统提取视频的低级特征(如光流、梯度)作为视频的基本表示单元。近年来，基于部件的特征表示受到了人们的广泛关注。它们将部件作为视频的最基本表示单元。本章研究基于部件的人体行为识别。

基于部件的方法，按照部件是否是语义可分为基于语义部件法和基于判别部件法。基于语义部件的方法中，部件指的是人类可以直接理解的语义物体(如箱子、杯子和人体)或动作(如弯腰、挥手)。这类方法首先概率检测这些语义部件，然后用贝叶斯网络等模型对这些语义部件建模，形成更高级的语义。近年来在物体检测、动作识别领域的研究表明，当前检测语义实体的计算模型鲁棒性较差，还不足以作为视频分析的基础，难以应对复杂背景下的任务，比较适合受限场景下的动作识别。

在基于判别部件的方法中，部件指的是能够有效区分不同动作的时空块，这些时空块可能包含一个人体、一个语义物体，甚至是具有判别力的背景。与语义部件法相比，基于判别部件的表示更适合分类任务。考虑图3.1中的蹦床运动和排球运动，均含有“跳”这个动作以及非常类似的背景，深色前景区域难以有效区分这两个动作。而通过搜索两个动作中具有判别性的部件则可进行有效区分，如飞行的棒球、多人的背景(浅色框区域)。基于判别部件的方法在图像分类领域已经取得了一些成果，如Singh等人[139]提出的判别部件学习法，在大量图像的部件中通过判别式学习找出最具有判别力的部件，在场景分类任务中比较了基于词袋法、空间金字塔法、Object Bank法[140]以及场景变形部件模型(scene deformable part model)[141]表示方法，取得了更好的效果。基于这个思路，一些研究人员提出了基于判别时空部件的行为分类方法。这些方法首先从视频中对时空部件进行稠密采样，然后利用判别聚类法（如线性支持向量机）学习一组初始的判别部件检测器，最后用启发式的方法从初始的判别部件检测器中挑选出一组在训练数据上最具有判别力的时空部件检测器作为最后的判别部件检测器。

(a) 蹦床运动

(b) 排球运动

图 3.1　判别部件示意图

上述方法在提取判别时空部件检测器时存在两个问题。一是针对不同的分类任务，需要学习几个判别时空部件检测器检测判别时空部件。上述方法均是预先定义判别时空部件检测器数目，并探索式地定义一个准则对最初的三维部件检测器进行排序，也就是说它们将部件检测器的学习和选择视为两个独立过程，降低了这些方法的泛化性能。二是判别部件检测器都是单独学习的，这可能导致学习到冗余的判别部件检测器。

为了解决这些问题，本章构建了一个基于隐变量支持向量机（latent support vector machine，LSVM）的新模型同时选择与最优化判别时空部件检测器。将视频表示为稠密的时空部件，定义时空部件为隐变量，动作可由一组判别时空部件联合区分。LSVM 模型每次只能学习一个时空部件检测器，也会遭遇上述的两个问题。将每个部件检测器视为一组，引入组稀疏正则化（group sparse regularization）技术，最优化模型时自动地将不具有判别力的部件检测器设置为零。对检测器引入非相关性约束，促使学习到的检测器尽可能地不相关且有代表性。引入相似性约束，促使时空部件检测器在同类视频中检测到的判别部件尽可能地一致。此外，构建了一个迭代的方法快速求解带相似性约束的隐变量。实验结果表明，构建的模型检测到的时空部件具有判别力，且具有更好的识别效果。

3.2 相关研究

3.2.1 基于部件的人体行为识别

近几年来，基于部件的人体行为识别吸引了人们越来越多的关注。基于语义部件的方法中，大部分工作利用二维图像语义部件。图像语义部件定义为语义的人体部件（如手臂、胳膊和大腿）或语义动作。这类方法将视频逐帧处理，把二维图像模式直接应用于三维动作视频。如图3.2所示，Gupta等人[142]首先检测棒球运动中的语义动作，然后用与或结构建立“故事情节”动作描述。Wang等人[143]对每一帧应用部件检测器，形成每帧的特征表达，然后采用隐马尔可夫模型对部件序列的时间关系进行建模。Xie等人[144]采用变形部件模型对每一帧中的人体进行建模，所有帧采用投票法得到最终的动作识别结果。这类方法通常需要对人体进行跟踪或预先标记出人体，并且需要训练部件检测器检测定位人体部件。但是，目前检测与定位语义部件的方法在无约束的环境下鲁棒性较差。此外，逐帧的处理方式可能包含类之间共有的特征模式，降低了基于图像部件方法的性能。

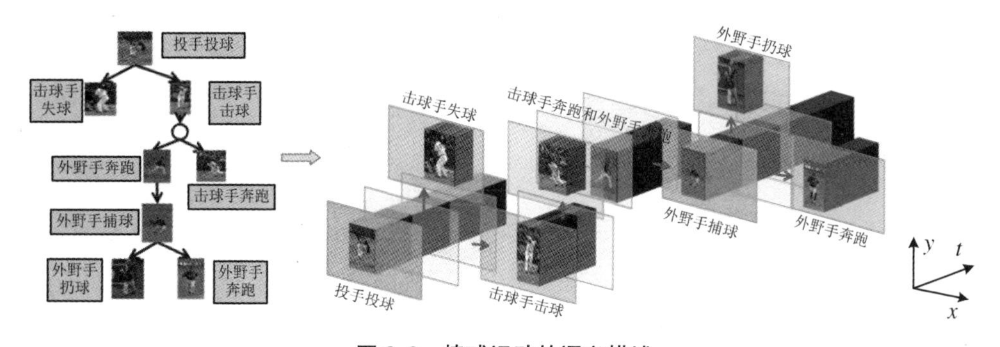

图3.2　棒球运动的语义描述

基于判别部件方法中，一些研究采用判别视频片段。这类方法的目的是从视频中找出最具有判别力的一段视频片段，这种方式可能包含有冗余的信息。如图3.1所示，用时间片段进行描述时，均包含深色矩形框的信息，而深色矩形框包含的区域对这两个动作来说，不具有判别力。一些研究采用判别时空部件的方法。视频表示为一组时空部件，通过学习从中挑选出最适合分类的判别时空部件。将视频看作三维卷数据，时空部件定义为从中采样的三维子卷（时空块）。Sapienza等人[145]采用多实例学习（multiple instance learning）从弱监督视频中学习时空部件。Wang等人[146]采用聚类算法和贪心搜索法学习判别性的时空部件，并提出用类间方差与类内方差的比值作为依据对检测的时空部件排序。Zhang 等人[147]和 Jain 等人[148]均采用判别聚类法学习初始的时空部件。Zhang 等人计算时空部件在其类内检测到的次数和在其他类内检测到的次数的比值并统计其在所有样本中出现的次数,综合对时空部件进行排序。Jain 等人用外观一致性和 TF-IDF 值定义作为排序的依据,其中外观一致性定义为用 SVM 分类器分类的得分,TF-IDF 值也定义为时空部件在类内出现的次数和在其他类内出现次数的比值。可见,选用什么准则对时空部件的判别性进行排序是一个开放问题,且选择多少个判别部件则是经验取值。

3.2.2 隐变量支持向量机

当建模数据可以写成训练数据$(\boldsymbol{x}_1, y_1), \cdots, (\boldsymbol{x}_n, y_n)$这种形式时,2.3.3 节介绍的支持向量机模型可以快速地训练模型。但是在许多任务中,有用的建模数据不能形成支持向量机的标准输入形式。例如,在基于部件的动作识别中,具有判别力的部件是不可观测的。为了解决这个问题,在支持向量机模型中将不可观测的信息定义为隐变量,即 LSVM 模型[149]。

假设训练样本数据表示为$(\boldsymbol{x}_1, y_1), \cdots, (\boldsymbol{x}_N, y_N) \in (X, Y)$。其中,$\boldsymbol{x}_i \in \mathbb{R}^P$表示长度为$P$ 的特征向量,$y_i \in \{1, -1\}$为类别标记。LSVM 模型计算样本 $\boldsymbol{x}_i$ 的得分为

$$f_{\boldsymbol{\beta}}(\boldsymbol{x}_i) = \max_{h \in H} \boldsymbol{\beta}^{\mathrm{T}} \phi(\boldsymbol{x}_i, \boldsymbol{h}) \tag{3.1}$$

其中,$\boldsymbol{\beta}$ 为 LSVM 模型的参数,H 为样本 $\boldsymbol{x}_i$ 的所有隐变量值的集合。类似于 SVM 模型,LSVM 通过最小化式(3.2)计算模型参数 $\boldsymbol{\beta}$:

$$\begin{gathered} L(\boldsymbol{\beta}, \xi) = \frac{1}{2} \| \boldsymbol{\beta} \|^2 + C \sum_{i=1}^{N} \xi_i \\ \text{s.t.} \quad y_i f_{\boldsymbol{\beta}}(\boldsymbol{x}_i) \geqslant 1 - \xi_i, \quad \xi_i \geqslant 0, \forall i \end{gathered} \tag{3.2}$$

其中,ξ 为松弛变量,式(3.2)可改写成一个无约束问题:

$$L(\boldsymbol{\beta}) = \frac{1}{2} \|\boldsymbol{\beta}\|^2 + C \sum_{i=1}^{N} \max(0, 1 - y_i(f_{\boldsymbol{\beta}}(\boldsymbol{x}_i))) \tag{3.3}$$

式(3.1)中,$f_{\boldsymbol{\beta}}(\boldsymbol{x}_i)$为一系列均为 $\boldsymbol{\beta}$ 的线性函数的最大值,因此,$f_{\boldsymbol{\beta}}(\boldsymbol{x}_i)$是 $\boldsymbol{\beta}$ 的凸函数。两个凸函数的最大值为凸函数,当 $y_i = -1$ 时,$\max(0, 1 - y_i(f(\boldsymbol{x}_i) + b))$是凸函数,即当样本为负样本时,损失函数是 $\boldsymbol{\beta}$ 的凸函数。当 $y_i = 1$ 时,损失函数是非凸的,称这种性质为半凸性质。若在优化迭代时,正样本隐变量具有唯一可能的取值时,损失函数是凸函数。从每个正样本中选取一个隐变量值,组成集合 H_P,定义辅助目标函数 $L(\boldsymbol{\beta}, H_P) = L_{H_p}(\boldsymbol{\beta})$,有

$$L(\boldsymbol{\beta}) = \min_{H_P} L(\boldsymbol{\beta}, H_P) \tag{3.4}$$

即 $L(\boldsymbol{\beta}) \leqslant L(\boldsymbol{\beta}, H_P)$。把目标函数的优化限定在指定隐变量集合里,通过最小化

$L(\boldsymbol{\beta}, H_P)$训练 LSVM 模型。注意到固定隐变量时,式(3.3)变成一个标准的 SVM 模型。式(3.3)可由算法 3.1 交替最优化求解:

算法 3.1:交替最优化求解 LSVM 模型

---

1. 初始化参数 $\boldsymbol{\beta}$;
2. 固定 $\boldsymbol{\beta}$,按式(3.1)计算所有正样本对应的隐变量 $\boldsymbol{h}$;
3. 固定 $\boldsymbol{h}$,用梯度下降法更新 $\boldsymbol{\beta}$;
4. 重复步骤 2~3,直至满足终止准则

令 $\boldsymbol{h}^*$ 表示计算的隐变量,步骤 3 中梯度计算为

$$\nabla L(\boldsymbol{\beta}) = \boldsymbol{\beta} + C \sum_i h(\boldsymbol{\beta}, \boldsymbol{x}_i, y_i) \tag{3.5}$$

其中

$$h(\boldsymbol{\beta}, \boldsymbol{x}_i, y_i) = \begin{cases} -y_i \phi(\boldsymbol{x}_i, \boldsymbol{h}^*), & y_i f_\beta(\boldsymbol{x}_i) < 1 \\ 0, & \text{其他} \end{cases} \tag{3.6}$$

针对训练样本较大问题,步骤 3 可采用随机梯度法,即用训练样本子集估计目标函数梯度值。

LSVM 模型在物体识别领域获得了成功,受此启发,Shapovalova 等人[150]在 LSVM 模型中加入隐变量相似性约束,并用于人体行为识别。其目标函数定义为

$$\begin{aligned} L(\boldsymbol{\beta}) = & \arg\min_{\boldsymbol{\beta}, \boldsymbol{h}, \xi > 0, \xi^l} \frac{1}{2} \| \boldsymbol{\beta} \|_2^2 + C_1 \sum_{i=1}^N \xi_i + C_2 \sum_{i=1}^N \xi_i^l \\ \text{s.t.} \quad & f_{\boldsymbol{\beta}}(\boldsymbol{x}_i, y_i) - \max_{\boldsymbol{h}} f_{\boldsymbol{\beta}}(\boldsymbol{x}_i, y', \boldsymbol{h}) \geqslant 1 - \xi_i, \quad \forall y' \in Y, \forall i \\ & \Delta_l(\boldsymbol{h}, \boldsymbol{h}_i, \boldsymbol{x}, y) \leqslant \xi_i^l \end{aligned} \tag{3.7}$$

式(3.7)中第一组不等式约束为 LSVM 模型的最大间隙原则。第二组不等式约束为隐变量相似性约束,希望类内隐变量尽可能相似,定义为

$$\Delta_l(\boldsymbol{h}, \boldsymbol{h}_i, \boldsymbol{x}, y) = \sum_{j=1}^N d(\boldsymbol{h}_i, \boldsymbol{h}_j, \boldsymbol{x}_i, \boldsymbol{x}_j) \cdot 1_{[y_i = y_j]} \tag{3.8}$$

其中,$d(\boldsymbol{h}_i, \boldsymbol{h}_j, \boldsymbol{x}_i, \boldsymbol{x}_j)$为两两相似性:

$$d(\boldsymbol{h}_i, \boldsymbol{h}_j, \boldsymbol{x}_i, \boldsymbol{x}_j) = -\phi(\boldsymbol{h}_i, \boldsymbol{x}_i)^{\mathrm{T}} \phi(\boldsymbol{h}_j, \boldsymbol{x}_j) \tag{3.9}$$

类似地,式(3.7)可交替对 $\boldsymbol{\beta}$ 和 $\boldsymbol{h}$ 最优化进行求解。

3.3 方法概述

如 3.1 节所述,一个动作可由几个判别时空部件联合区分。本节构建了一个基于隐变量支持向量机的新模型来学习这些判别时空部件。此方法中,视每个判

别部件检测器为一组，引入组稀疏正则化技术自动学习并选择一组最具有判别力的部件检测器；引入隐变量相似性约束，促使学习的判别部件具有一致性；引入类内非相关性约束，消除冗余的时空部件检测器。基于判别时空部件的人体行为识别系统流程如图 3.3 所示。本节首先介绍视频时空部件的提取与表达，然后详细介绍本章构建的模型，最后给出该模型的最优化方法以及行为分类方案。

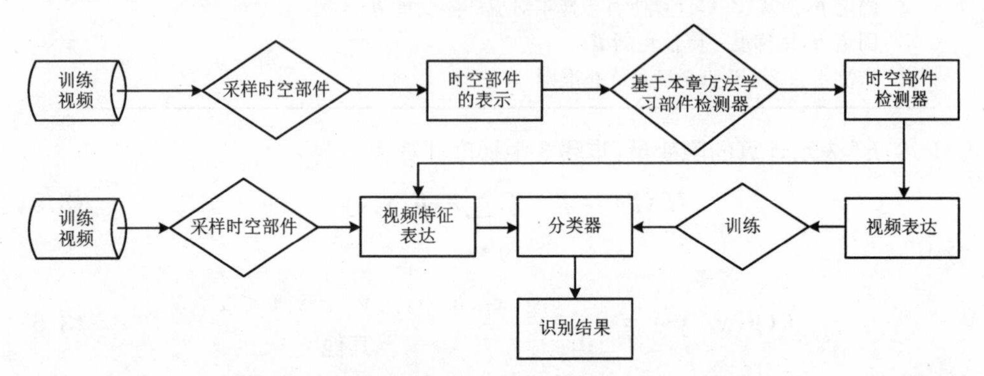

图 3.3　基于判别部件的人体行为识别系统流程图

3.3.1　视频时空部件提取与描述

给定一个视频 v，首先对视频进行时空多尺度稠密采样，得到一组视频时空部件。每个视频时空部件为一立方体卷，参数化表示为 $z=\{x,y,t,\sigma_x,\sigma_y,\sigma_t\}$。其中，$x,y,t$ 分别表示立方体卷中心点的三维时空坐标，$\sigma_x,\sigma_y,\sigma_t$ 分别表示视频时空部件采样的空间尺度和时间尺度，如图 3.4 所示。最后，用 HOG3D 特征描述每个时空部件，作为时空部件的特征表示。

3.3.2　多类隐变量支持向量机

隐变量支持向量机只能处理二分类任务，为了能直接处理多类分类任务，对隐变量支持向量机进行多类推广。对 C 类分类任务，训练一组参数 $\Gamma=[\boldsymbol{\beta}_1,\boldsymbol{\beta}_2,\cdots,\boldsymbol{\beta}_C]$。

多类隐变量支持向量机模型最小化：

$$
\begin{aligned}
& f(\Gamma,\xi)=\min_{\Gamma}\sum_{i=1}^{C}\|\boldsymbol{\beta}_i\|_2^2+\lambda\sum_{i=1}^{N}\xi_i \\
& \text{s.t.}\quad \boldsymbol{\beta}_{y_i}^{\mathrm{T}}\phi(\boldsymbol{x}_i,y_i,\boldsymbol{h}_i)-\max_{h}\boldsymbol{\beta}_{y'}^{\mathrm{T}}\phi(\boldsymbol{x}_i,y',\boldsymbol{h})\geqslant\Delta(y_i,y')-\xi_i \\
& \qquad \xi_i\geqslant 0,\forall i,\forall y'\in Y
\end{aligned}
\tag{3.10}
$$

其中，$\sum_{i=1}^{C}\|\boldsymbol{\beta}_i\|_2^2$ 为正则化项，避免模型过拟合；$\sum_{i=1}^{N}\xi_i$ 为模型在训练数据上的损

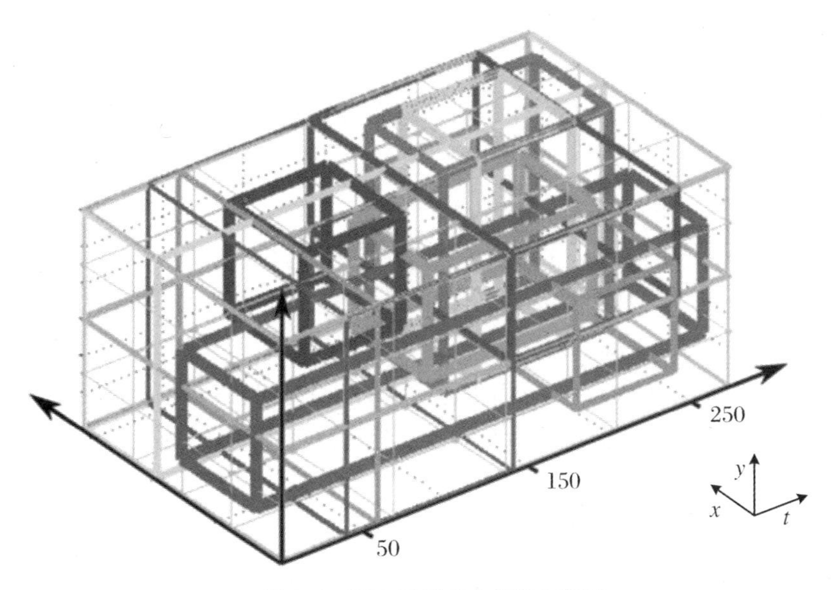

图 3.4　稠密采样时空部件示意图

失；λ 为正则化参数；$\Delta(y_i, y')$为分类误差，通常采用 0-1 损失：

$$\Delta(y_i, y') = \begin{cases} 0, & y_i = y' \\ 1, & y_i \neq y' \end{cases} \tag{3.11}$$

将式(3.10)改写成无约束最优化问题：

$$f(\Gamma, \xi) = \min_{\Gamma} \sum_{i=1}^{C} \|\boldsymbol{\beta}_i\|_2^2 + \lambda \sum_{i=1}^{N} [1 + \max_{\boldsymbol{h}} \boldsymbol{\beta}_{y'}^{\mathrm{T}} \phi(\boldsymbol{x}_i, y, \boldsymbol{h}) - \boldsymbol{\beta}_{y_i}^{\mathrm{T}} \phi(\boldsymbol{x}_i, y_i, \boldsymbol{h}_i)]_+ \tag{3.12}$$

其中，$[\cdot]_+$ 为 $\max(0, \cdot)$。与 LSVM 类似，式(3.12)可对 Γ 和 $\boldsymbol{h}$ 交替最小化目标函数求解。

3.3.3　判别时空部件学习模型

本章构建的判别时空部件模型训练过程是弱监督的，只需要训练样本的类别标记，不需要任何关于判别时空部件检测器的信息。定义不可观测的判别部件为隐变量 $\boldsymbol{h}$。在一个 C 类行为分类问题中，假设每一类动作存在 K 个判别时空部件能联合区分其他动作。定义所有类别时空部件检测器 Γ 为

$$\Gamma = \begin{pmatrix} \boldsymbol{\beta}_{1,1} & \boldsymbol{\beta}_{1,2} & \cdots & \boldsymbol{\beta}_{1,K} \\ \boldsymbol{\beta}_{2,1} & \boldsymbol{\beta}_{2,2} & \cdots & \boldsymbol{\beta}_{2,K} \\ \vdots & \vdots & & \vdots \\ \boldsymbol{\beta}_{C,1} & \boldsymbol{\beta}_{C,1} & \cdots & \boldsymbol{\beta}_{C,K} \end{pmatrix} \tag{3.13}$$

其中，每个判别时空部件检测器 $\boldsymbol{\beta}_{c,k}$ 是长度为 P 的向量。时空部件检测器 $\boldsymbol{\beta}_{c,k}$ 对

视频 $\boldsymbol{x}_i$ 的响应得分为

$$f_{\boldsymbol{\beta}_{c,k}}(\boldsymbol{x}_i, y) = \max_{\boldsymbol{h}} \boldsymbol{\beta}_{c,k}^{\mathrm{T}} \phi(\boldsymbol{x}_i, y, \boldsymbol{h}) \tag{3.14}$$

特征映射函数 ϕ 描述了样本、估计类别和隐变量之间的关系。基于以上定义，判别时空部件学习模型定义为

$$\begin{aligned} &\Gamma^* = \arg\min_{\Gamma} \frac{1}{N} \sum_{i=1}^{N} \sum_{k=1}^{K} \xi_i^k + \frac{\eta}{2} O(\Gamma) + \lambda g(\Gamma) \\ &\text{s.t.} \quad \max_{\boldsymbol{h}} \boldsymbol{\beta}_{y_i,k}^{\mathrm{T}} \phi(\boldsymbol{x}_i, y_i, \boldsymbol{h}) - \max_{\boldsymbol{h}} \boldsymbol{\beta}_{y,m}^{\mathrm{T}} \phi(\boldsymbol{x}_i, y, \boldsymbol{h}) \geqslant \Delta(y_i, y) - \xi_i^k \\ &\qquad \xi_i^k \geqslant 0, \forall i, y, k, m \end{aligned} \tag{3.15}$$

$\Delta(y_i, y)$为损失函数，设置为 0-1 损失函数。$g(\Gamma)$为组稀疏正则化算子，通过设置不具有判别力的检测器为零，达到同时优化与选择一组判别部件检测器的目的，定义为

$$g(\Gamma) = \sum_{c} \sum_{k} \| \boldsymbol{\beta}_{c,k} \|_2 \tag{3.16}$$

$O(\Gamma)$为类内非相关性约束，使学习的部件检测器尽可能地不相关且具有代表性，定义为

$$O(\Gamma) = \sum_{c=1}^{C} \sum_{k=1}^{K} \sum_{j \neq k}^{K} \| \boldsymbol{\beta}_{c,k}^{\mathrm{T}} \boldsymbol{\beta}_{c,j} \|_2^2 \tag{3.17}$$

参数 λ 和 η 为对应项的权重系数。

式(3.15)中隐变量 $\boldsymbol{h}$ 是由式(3.14)确定的，注意到这种方式检测到的隐变量一致性较差，也就是说时空部件在同一类样本视频中检测到的时空部件可能具有很大的差异性。自然地，希望同类样本视频中检测到的时空部件尽可能地相似与一致，只有某个部件在视频中具有较大的重复性，其才是该动作中具有代表性的部件。为了增强部件的一致性，引入隐变量两两相似性约束。相似性约束可以约束类内的隐变量(类内相似性越大越好)，可以约束类间的隐变量(类间相似性越小越好)，或者同时约束。为了兼顾算法的计算效率，本章仅考虑类内隐变量的相似性。实际上式(3.15)中的约束项可以很好地控制类间隐变量的差异。隐变量之间的相似性用欧氏距离度量，若两者距离越近，则越相似。对同一个部件检测器，基于欧氏距离度量的时空部件相似性 S 则可定义为

$$\begin{aligned} S &= \sum_{i} \sum_{j} d(\phi(\boldsymbol{x}_i, y_i, \boldsymbol{h}), \phi(\boldsymbol{x}_j, y_j, \boldsymbol{h})) \\ &= \sum_{i} \sum_{j} - \| \phi(\boldsymbol{x}_i, y_i, \boldsymbol{h}) - \phi(\boldsymbol{x}_j, y_j, \boldsymbol{h}) \|_2^2 \end{aligned} \tag{3.18}$$

在相似性约束下，给定时空部件检测器 $\boldsymbol{\beta}_{c,k}$，当 $y_i = c$ 时，隐变量计算为

$$\boldsymbol{h}^* = \arg\max_{h \in H} (\boldsymbol{\beta}_{c,k}^{\mathrm{T}} \phi(\boldsymbol{x}_i, y_i, \boldsymbol{h}) + \alpha S) \tag{3.19}$$

其中，α 为权衡系数。当 $y_i \neq c$ 时，隐变量计算为

$$\boldsymbol{h}^* = \arg\max_{h \in H} \boldsymbol{\beta}_{c,k}^{\mathrm{T}} \phi(\boldsymbol{x}_i, y_i, \boldsymbol{h}) \tag{3.20}$$

接下来介绍如何求解带有相似性约束的模型。

3.3.4　最优化方法

式(3.15)可通过算法 3.1 求解，即交替对隐变量 $\boldsymbol{h}$ 和模型参数 Γ 最优化目标函数。

1. 计算隐变量

固定时空部件检测器 Γ，计算隐变量。给定部件检测器 $\boldsymbol{\beta}_{c,k}$，当训练样本类别标记不等于 c 时，式(3.20)可直接求出对应的隐变量。当训练样本类别标记等于 c 时，直接计算带有约束的隐变量不可行。假设第 c 类共有 N_c 个样本，每个样本共有 n_i 个离散隐变量值，则共有 $\prod_{i=1}^{N_c} n_i$ 种可能的组合，实际中难以有效计算。为了快速有效地计算相似性约束的隐变量，构建了一个迭代最优化方法。改写式(3.18)，得

$$S = -\frac{1}{N_c}\sum_{y_i=c} \| \phi(\boldsymbol{x}_i, y_i, \boldsymbol{h}) - \bar{\phi} \|_2^2 \tag{3.21}$$

其中，$\bar{\phi}$ 为隐变量的均值向量。改写后，隐变量则可以通过迭代法迅速求出。首先，计算隐变量均值向量 $\bar{\phi}$，然后，按式(3.21)计算相似值 S，并按式(3.19)更新隐变量值。这两个步骤交替运行直到收敛。计算相似性约束的隐变量如算法 3.2 所示：

算法 3.2：计算相似性约束隐变量

输入：训练样本$\{(\boldsymbol{x}_1, y_1), \cdots, (\boldsymbol{x}_N, y_N)\} \subset X \times Y, \boldsymbol{\beta}_{c,k}, \alpha$

输出：$\boldsymbol{h}$

1. 按式(3.20)计算所有样本的隐变量$\{\boldsymbol{h}_i\}_{i=1}^N$；
2. 对第 c 类的样本，计算隐变量均值向量 $\bar{\phi} = \text{mean}(\sum_{y_i=c} \boldsymbol{h}_i)$；
3. 按式(3.21)计算 S；
4. 对第 c 类的样本，按式(3.19)计算对应的隐变量；
5. 重复步骤 2～4，直至 $\boldsymbol{h}$ 不发生变化

---

2. 计算时空部件检测器 Γ

每次只更新一个时空部件检测器。更新 $\boldsymbol{\beta}_{c,k}$ 时，固定隐变量及所有其他时空部件检测器。目标函数可重写为

$$\begin{aligned}\boldsymbol{\beta}_{c,k}^{*} &= \arg\min_{\boldsymbol{\beta}_{c,k}} \frac{1}{N}\sum_{i=1}^{N}\xi_i + \frac{\eta}{2}\sum_{j\neq k}\|\boldsymbol{\beta}_{c,k}^{\mathrm{T}}\boldsymbol{\beta}_{c,j}\|_2^2 + \lambda\|\boldsymbol{\beta}_{c,k}\|_2 \\ \text{s.t.}\quad & \max_{\boldsymbol{h}}\boldsymbol{\beta}_{y_i,k}^{\mathrm{T}}\phi(\boldsymbol{x}_i,y_i,\boldsymbol{h}) - \max_{\boldsymbol{h}}\boldsymbol{\beta}_{y,m}^{\mathrm{T}}\phi(\boldsymbol{x}_i,y,\boldsymbol{h}) \geqslant 1-\xi_i \\ & \xi_i \geqslant 0, \forall i,y,k,m\end{aligned} \tag{3.22}$$

由式(3.22)可观察到每一个视频共有 $K(C-1)$个线性约束。对 $y_i=c$ 的样本来说,其约束可改写为

$$\xi_i \geqslant [1+\max_{\boldsymbol{h}}\boldsymbol{\beta}_{y,m}^{\mathrm{T}}\phi(\boldsymbol{x}_i,y,\boldsymbol{h}) - \max_{\boldsymbol{h}}\boldsymbol{\beta}_{c,k}^{\mathrm{T}}\phi(\boldsymbol{x}_i,y_i,\boldsymbol{h})]_+,\quad \forall y\in Y\backslash y_i, m \tag{3.23}$$

在固定所有其他的时空部件检测器情况下,$\max_{\boldsymbol{h}}\boldsymbol{\beta}_{y,m}^{\mathrm{T}}\phi(\boldsymbol{x}_i,y,\boldsymbol{h})$为常量。$K(C-1)$个线性约束可改写为如下一个等效约束:

$$\xi_i \geqslant [1+\max_{y,m}\max_{\boldsymbol{h}}\boldsymbol{\beta}_{y,m}^{\mathrm{T}}\phi(\boldsymbol{x}_i,y,\boldsymbol{h}) - \max_{\boldsymbol{h}}\boldsymbol{\beta}_{c,k}^{\mathrm{T}}\phi(\boldsymbol{x}_i,y_i,\boldsymbol{h})]_+,\quad \forall y\in Y\backslash y_i, m \tag{3.24}$$

对 $y_i\neq c$ 的样本来说,其约束可改写为

$$\xi_i \geqslant [1+\max_{\boldsymbol{h}}\boldsymbol{\beta}_{c,k}^{\mathrm{T}}\phi(\boldsymbol{x}_i,c,\boldsymbol{h}) - \max_{\boldsymbol{h}}\boldsymbol{\beta}_{y_i,m}^{\mathrm{T}}\phi(\boldsymbol{x}_i,y_i,\boldsymbol{h})]_+,\quad \forall m \tag{3.25}$$

此时$\max_{\boldsymbol{h}}\boldsymbol{\beta}_{y_i,m}^{\mathrm{T}}\phi(\boldsymbol{x}_i,y_i,\boldsymbol{h})$为常量,其约束可改写为如下一个约束:

$$\xi_i \geqslant [1+\max_{\boldsymbol{h}}\boldsymbol{\beta}_{c,k}^{\mathrm{T}}\phi(\boldsymbol{x}_i,c,\boldsymbol{h}) - \min_{m}\max_{\boldsymbol{h}}\boldsymbol{\beta}_{y_i,m}^{\mathrm{T}}\phi(\boldsymbol{x}_i,y_i,\boldsymbol{h})]_+,\quad \forall m \tag{3.26}$$

经过式(3.24)和式(3.26)简化,每个样本的 $K(C-1)$个线性约束转换为 1 个约束。对 N 个训练样本,总共有 N 个线性约束。定义:

$$\begin{cases}\sigma = 1+\max_{y,m}\max_{\boldsymbol{h}}\boldsymbol{\beta}_{y,m}^{\mathrm{T}}\phi(\boldsymbol{x}_i,y,\boldsymbol{h}) - \max_{\boldsymbol{h}}\boldsymbol{\beta}_{c,k}^{\mathrm{T}}\phi(\boldsymbol{x}_i,y_i,\boldsymbol{h}) \\ w = 1+\max_{\boldsymbol{h}}\boldsymbol{\beta}_{c,k}^{\mathrm{T}}\phi(\boldsymbol{x}_i,c,\boldsymbol{h}) - \min_{m}\max_{\boldsymbol{h}}\boldsymbol{\beta}_{y_i,m}^{\mathrm{T}}\phi(\boldsymbol{x}_i,y_i,\boldsymbol{h})\end{cases} \tag{3.27}$$

原先带有线性约束的最优化问题可以改写为如下的无约束最优化问题:

$$\boldsymbol{\beta}_{c,k}^{*} = \arg\min_{\boldsymbol{\beta}_{c,k}} f(\boldsymbol{\beta}_{c,k}) + \lambda\|\boldsymbol{\beta}_{c,k}\|_2 \tag{3.28}$$

其中

$$f(\boldsymbol{\beta}_{c,k}) = \frac{1}{N}\Big(\sum_{y_i=c}[\sigma]_+ + \sum_{y_i\neq c}[\omega]_+\Big) + \frac{\eta}{2}\sum_{j\neq k}\|\boldsymbol{\beta}_{c,k}^{\mathrm{T}}\boldsymbol{\beta}_{c,j}\|_2^2 \tag{3.29}$$

式(3.28)为 l_2 范数正则化最优化问题,传统的梯度下降法计算效率太低,故采用一种快速的近似算法 FOBOS[151]。定义最优化问题为 $f(\theta)+r(\theta)$,$r(\theta)$为正则化项,FOBOS 将带有正则化最优化问题分解为 2 个步骤:

$$\begin{cases}\theta_{t+\frac{1}{2}} = w_t - \eta_t\nabla f(\theta_t) \\ \theta_{t+1} = \arg\min_{\theta}\left\{\frac{1}{2}\|\theta-\theta_{t+\frac{1}{2}}\|^2 + \eta_{t+\frac{1}{2}}r(\theta)\right\}\end{cases} \tag{3.30}$$

则 $\boldsymbol{\beta}_{c,k}$ 采用如下更新方式：

$$\boldsymbol{\beta}_{c,k}^{*} = \mathrm{soft}(\boldsymbol{u}, \lambda\rho) \tag{3.31}$$

其中，$\mathrm{soft}(\boldsymbol{u}, \lambda\rho) = \boldsymbol{u}[\|\boldsymbol{u}\|_2 - \lambda\rho]_+ \|\boldsymbol{u}\|_2$。其中，$\rho$ 为步长，$\boldsymbol{u}$ 定义为

$$\boldsymbol{u} = \boldsymbol{\beta}_{c,k} - \rho \frac{\partial f}{\partial \boldsymbol{\beta}_{c,k}} \tag{3.32}$$

函数 f 对 $\boldsymbol{\beta}_{c,k}$ 的导数计算如下：

$$\frac{\partial f}{\partial \boldsymbol{\beta}_{c,k}} = \frac{1}{N}\Big(\sum_{y_i = c, \sigma > 0} - \phi(\boldsymbol{x}_i, y_i, \boldsymbol{h}^*) + \sum_{y_i \neq c, \omega > 0} \phi(\boldsymbol{x}_i, c, \boldsymbol{h}^*)\Big) + \eta \sum_{j \neq k} \boldsymbol{\beta}_{c,j} \boldsymbol{\beta}_{c,j}^{\mathrm{T}} \boldsymbol{\beta}_{c,k} \tag{3.33}$$

式中，$\boldsymbol{h}^*$ 为由算法 3.2 计算的隐变量值。为了减少时空部件检测器的模的影响，在计算式(3.33)时首先对时空部件进行归一化，再计算类内非相关性约束。

训练判别时空部件模型采用两个终止准则：① 算法达到最大的迭代次数；② 部件检测器 Γ 的变化小于预先设定的阈值。每次迭代，目标函数值都会减小或不变，故该算法能收敛到局部最优，求解判别时空部件模型的整个流程总结如算法 3.3 所示：

算法 3.3：训练判别时空部件模型
输入：训练样本 $\{(\boldsymbol{x}_1, y_1), \cdots, (\boldsymbol{x}_N, y_N)\} \subset X \times Y$ 输出：Γ
1. 初始化 Γ； 2. 用算法 3.2 计算所有样本的隐变量 $\{\boldsymbol{h}_i\}_{i=1}^{N}$； 3. 按式(3.31)逐个更新 $\boldsymbol{\beta}_{c,k}$； 4. 重复步骤 2～3，直至满足终止准则

3.3.5　行为分类

训练判别时空模型，非判别性的时空部件检测器被置为零向量。对 C 类动作，最终学习到 M 个非零判别时空部件检测器：

$$M = \sum_{c=1}^{C} K_c \tag{3.34}$$

其中，K_c 为第 c 类中非零检测器的数目。为了充分地利用每一个时空部件检测器，用训练得到的 M 个判别时空部件检测器对视频训练样本进行检测，总共得到 M 个检测值，通过逻辑函数 $\psi(x)$ 缩放到(0,1)范围。逻辑函数 $\psi(x)$ 定义为

$$\psi(x) = \frac{1}{1 + \exp(-ax)} \tag{3.35}$$

式中，a 为平滑因子，则每个视频可表示成长度为 M 的向量。将归一化的检测值输入到基于径向基核函数的支持向量机进行训练。对新的视频样本，首先对视频提

取并描述多尺度时空部件，然后用时空部件检测器对这些采样的时空部件进行匹配，匹配最大值归一化作为视频的表示，最后输入到训练好的分类器进行最终的分类。

3.4 实验与分析

本节中，为了证明构建的判别模型的有效性，在三个代表性数据库上进行实验，即 KTH 数据库、UCF Sports 数据库和 HMDB51 数据库，并与以前的工作进行比较与分析。

3.4.1 实验设计

首先，对训练视频稠密采样时空部件。为了捕获不同尺度的时空部件，采用多组采样尺度。可知采样密度越高，获得的信息越充分，识别精度会越高，但需要的特征存储空间和计算量也逐渐越大。为了权衡分类精度和高密度采样带来的特征存储以及计算代价，空间采样尺度设置为 5 个尺度：$1,\sqrt{2},2,2\sqrt{2},4$；时间采样尺度设置为 4 个尺度：$1,\sqrt{2},2,4$，注意到 x,y 方向的采样尺度相等。每组尺度下，时空部件的重合率设置为 50%。最小采样尺度的时空部件大小为 $32\times32\times8$（$\sigma_x=\sigma_y=\sigma_t=1$），最大的时空部件大小为 $128\times128\times32$（$\sigma_x=\sigma_y=\sigma_t=4$），该尺度的时空部件足以包含具有判别力的动作部件。为了在三个数据库上采用一致的尺度参数，对 UCF Sports 数据库和 HMDB51 数据库空间下采样至原始空间分辨率的一半。采样的时空部件用 HOG3D 特征描述。HOG3D 特征计算的尺度为 $5\times5\times4$（时空部件在空域分解成 5×5 的单元，时域分解为 4 个单元，并量化成离散的 10 个方向，生成 1000 维的特征向量）。每类样本的 HOG3D 特征聚类成 300 个中心，并用该聚类中心初始化每类的时空部件检测器。在三个动作数据库实验中，逻辑函数参数 a 设置为 0.5，相似性约束参数 α 设置为 0.3，类内非相关性约束系数 η 设置为 0.1。

3.4.2 KTH 数据库行为分类实验

采用留一法方案对 KTH 进行验证。在参数 $\lambda=0.1$ 时，达到了 97.16%的识别率。组稀疏正则化技术将不具有判别力的部件检测器置为零，计算非零时空部件检测器所占的比例，平均保留了 85.67%的时空部件检测器。为了直观地观察检测到的时空部件，图 3.5 显示了一些检测到的时空部件，其中每行黑色方框表示一个判别时空部件。图 3.6 显示一些检测到的判别时空部件的中间帧，可观察到区分鼓掌、挥手、拳击动作的判别部件大多是手部的运动，而区分行走、慢跑、跑步动作的判别部件大多是腿部的运动，比如腿部运动的快慢。表 3.1 将构建的方法与其他相关的方法进行了比较，在相同的验证方案下，本章方法取得了更高的识别结果。图3.7给出了本章方法的混淆矩阵，可知容易发生混淆的为“跑步”和“慢跑”两个动作，实际上这两个动作从定义、特征上均是难以分类的。

图3.5　KTH数据库中检测的判别时空部件。每一行的黑色矩形框为一个时空部件，1～3行为从动作“拳击”中检测到的时空部件，4～6行为从动作“慢跑”中检测到的时空部件

图3.6　检测的判别时空部件，每一张图片为检测到的时空部件的中间帧

表 3.1 本章方法与其他方法在 KTH 数据库上分类效果的比较

方 法	识别率(%)
Xie 方法[144]	87.3
Wang 方法[143]	92.51
Wang 方法[146]	93.3
Sapienza 方法[145]	96.73
本章方法	97.16

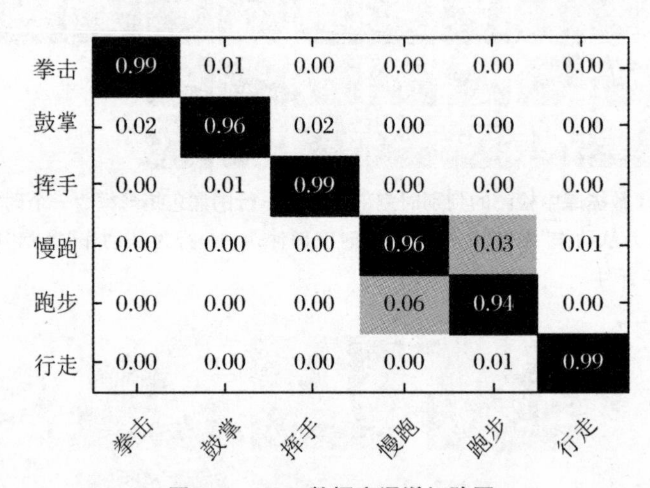

图 3.7 KTH 数据库混淆矩阵图

3.4.3 UCF Sports 数据库行为分类实验

为了与 Shapovalova 方法进行比较,采用一致的三折交叉验证方案[192],每个动作 1/3 的样本作为测试样本,剩余的样本作为训练样本。在参数 $\lambda=0.05$ 时,本章方法取得了 79.33%的识别率,此时保留了 74.56%的判别时空部件。此外,进一步测试了基于留一法方案的性能,在参数 $\lambda=0.2$ 时,文章方法取得了87.3%的识别率,此时保留了 61.67%的判别时空部件。图 3.8(a)和(b)分别展示了三折交叉验证方案和留一法评估方案下的混淆矩阵。表 3.2 将本章方法与其他基于部件的方法进行了对比,本章方法取得了更高的识别率。图 3.9 展示了留一法方案下检测的时空部件。为了更方便地观察,仅显示了每个时空部件的中间帧。从图 3.9 可观察到检测的时空部件包含了这些动作的判别信息。如第 5 行的打高尔夫球动作,其判别性的部件通常发生在挥杆时上半身的运动以及脚部的运动,而腰部的运动则不具有判别性。在高低杠运动中,一些时空部件包含整个人体,可见,检测到的时空部件包含的内容丰富。

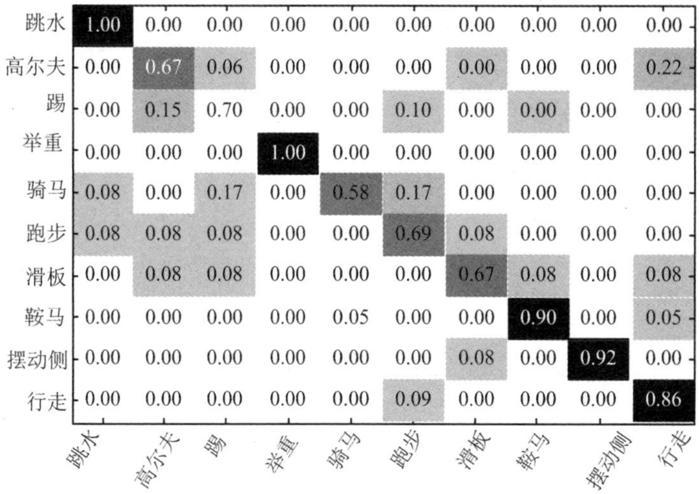

	跳水	高尔夫	踢	举重	骑马	跑步	滑板	鞍马	摆动侧	行走
跳水	1.00	0.00	0.00	0.00	0.00	0.00	0.00	0.00	0.00	0.00
高尔夫	0.00	0.67	0.06	0.00	0.00	0.00	0.00	0.00	0.00	0.22
踢	0.00	0.15	0.70	0.00	0.00	0.10	0.00	0.00	0.00	0.00
举重	0.00	0.00	0.00	1.00	0.00	0.00	0.00	0.00	0.00	0.00
骑马	0.08	0.00	0.17	0.00	0.58	0.17	0.00	0.00	0.00	0.00
跑步	0.08	0.08	0.08	0.00	0.00	0.69	0.08	0.00	0.00	0.00
滑板	0.00	0.08	0.08	0.00	0.00	0.00	0.67	0.08	0.00	0.08
鞍马	0.00	0.00	0.00	0.00	0.05	0.00	0.00	0.90	0.00	0.05
摆动侧	0.00	0.00	0.00	0.00	0.00	0.00	0.08	0.00	0.92	0.00
行走	0.00	0.00	0.00	0.00	0.00	0.09	0.00	0.00	0.00	0.86

(a) 三折交叉测试方案

	跳水	高尔夫	踢	举重	骑马	跑步	滑板	鞍马	摆动侧	行走
跳水	1.00	0.00	0.00	0.00	0.00	0.00	0.00	0.00	0.00	0.00
高尔夫	0.00	0.83	0.00	0.00	0.00	0.00	0.06	0.00	0.00	0.11
踢	0.00	0.10	0.85	0.00	0.00	0.00	0.00	0.05	0.00	0.00
举重	0.00	0.00	0.00	1.00	0.00	0.00	0.00	0.00	0.00	0.00
骑马	0.08	0.00	0.00	0.00	0.67	0.25	0.00	0.00	0.00	0.00
跑步	0.00	0.15	0.08	0.00	0.00	0.77	0.00	0.00	0.00	0.00
滑板	0.00	0.08	0.08	0.00	0.00	0.00	0.75	0.08	0.00	0.08
鞍马	0.00	0.00	0.00	0.00	0.05	0.00	0.00	0.95	0.00	0.05
摆动侧	0.00	0.00	0.00	0.00	0.00	0.00	0.00	0.00	1.00	0.00
行走	0.00	0.00	0.00	0.00	0.00	0.00	0.00	0.00	0.00	0.91

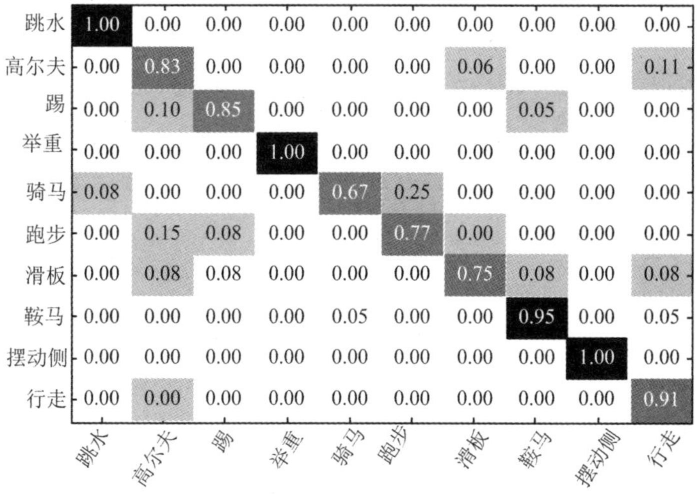

(b) 留一法测试方案

图 3.8　UCF Sports 混淆矩阵图

表 3.2　本章方法与其他方法在 UCF Sports 数据库上的性能比较

方　法	识别率(%)
Tian 方法[152](三折交叉)	73.1
Tian 方法[152](留一法)	83.7
Shapovalova 方法[150](三折交叉)	75.3
本章方法(三折交叉)	79.33
本章方法(留一法)	87.3

图 3.9 UCF Sports 数据库中检测的部分时空部件，每一张图片为检测到的时空部件的中间帧

3.4.4 HMDB51 数据库行为分类实验

实验中采用原始的视频数据，依据数据库作者提供的三个训练测试分类方案，统计平均识别率。在参数 $\lambda=0.25$ 时，本章方法取得了 40.85%的识别率，此时保留了 57.91%的判别时空部件。表 3.3 将本章方法与其他基于部件的方法进行了对比，本章方法取得了更高的识别率。图 3.10 显示了一些动作中检测到的判别时空部件。因为 HMDB51 类别数过多，如图 3.11 所示，采用柱状图显示每类识别效果。由图 3.11 观察到，"射击"和"扔东西"动作的识别率为 0，图 3.12 显示了在这两个动作中检测的部分时空部件，观察到检测到的部件基本上是对应动作中具有代表性的人体运动，但是它们不能有效区分动作。可能原因是：① 其他动作也具有这种动作特征，所以不能有效区分；② HOG3D 特征不能有效地区分动作之间的差异。

表 3.3　本章方法与其他方法在 HMDB51 数据库上分类效果的比较

方　法	识别率(%)
Wang 方法[146]	33.7
Sapienza 方法[145]	37.21
本章方法	40.85

图 3.10　HMDB51 数据库上检测的部分时空部件,每一张图片为检测到的时空部件的中间帧

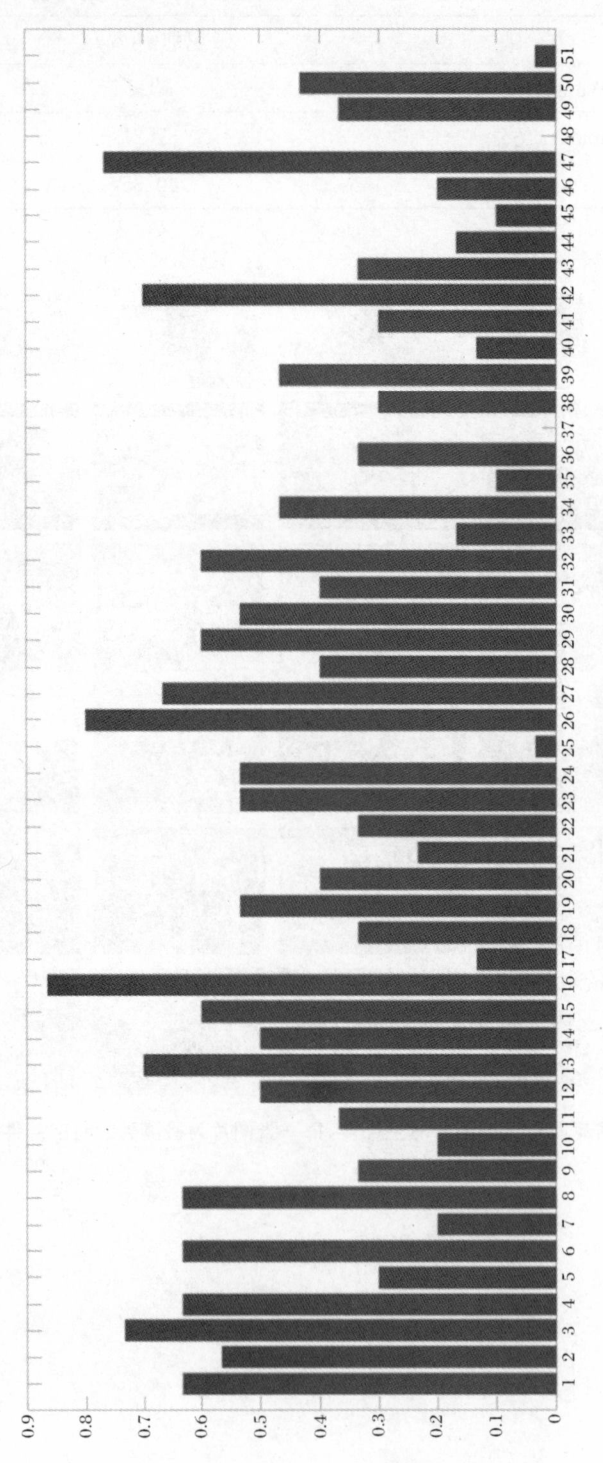

图 3.11 HMDB51 数据库识别精度柱状图

图 3.12　HMDB51 中失效动作中检测的时空部件

本章小结

本章分析了基于部件的人体行为识别，并指出了基于判别部件法的两个问题。为了解决这两个问题，本章在隐变量支持向量机模型的基础上构建了一个新模型自动学习与选择判别时空部件检测器。每个视频由一组时空部件表示，定义时空部件为隐变量。引入组稀疏正则化技术，将不具有判别力的部件检测器自动设置为零。引入类内非相关性约束，促使学习到的检测器尽可能地不相关且有代表性。引入相似性约束，促使时空部件检测器在同类视频中检测到的判别部件尽可能地一致。此外，构建了一种迭代的方法快速对带有相似性约束的隐变量进行求解。在 KTH、UCF Sports 和 HMDB51 数据库上的实验表明，本章构建的模型检测的时空部件具有判别力，且具有更好的识别效果。

第 4 章　基于行为低秩特征的人体行为识别

4.1　人体行为低秩特征提取

人体行为识别技术通常可以看作一个模式分类问题，其中主要包括人体行为特征的提取与表达、行为分类方法两个部分。经过多年的发展，研究人员在人体行为识别技术方面已取得了丰硕的成果和大量成功的经验。然而就整体情况来看，人体行为识别技术仍然处于基础研究阶段，尚未形成一些广泛公认最好的适应各种应用场景的行为识别方法。正如本书第 1 章研究现状和研究热点所分析的一样，人体行为识别技术中还存在许多问题值得深入研究，其中主要包括人体行为特征提取、行为特征的表达和行为分类方法。本章主要针对人体行为特征提取及特征表达进行探讨，并构建了运用行为低秩特征提取视频序列中行为信息的方法。

人体行为特征提取是指从视频序列中提取出人体的行为信息，提取的行为信息应尽可能地排除掉了背景噪声，并尽可能地保留了人体的行为信息。人体行为特征提取是人体行为识别的第一步，同时也是非常关键的一步，行为特征提取效果的好坏直接影响到整个行为识别系统的识别性能。本章针对的行为视频对象主要是视频获取设备距离适中，视频画面中能分辨出人体四肢运动情况的视频数据。对于这类行为视频数据，其行为特征方法可大致分为三类：基于人体模型的行为特征、全局行为特征和局部行为特征。关于这三类行为特征的具体方法已在第 1.3.1 节详细分析过了，这里就不再赘述。在此，仅对各类方法的特点进行概括性分析。

基于人体模型的行为特征主要包括二维人体模型和三维人体模型。其中二维人体模型主要将人体简化为几个关键部位点，然后从视频序列中对这些部位点进行定位与跟踪。三维人体模型具有不受视角变化影响的优点，其本质是从不同视角下的图像序列中提取出人体姿态，并重建出三维人体模型。三维人体模型的计算量会随着模型精细程度的增大而迅速增大。总的来说，基于人体模型的行为特征提取需要对人体关键部位点进行检测和跟踪，该类特征方法最终的效果非常依赖于准确的人体关键部位点的检测和跟踪。然而准确的人体关键部位点检测和跟踪本身也是个非常难的问题，受环境影响较大，同时人体关键部位点检测和跟踪产生的误差也会传递到后续的行为特征提取与表达中。

全局行为特征不需要检测和跟踪人体单个部位的运动信息，它仅需要把包含人体的感兴趣区域从背景中检测和提取出来，并对该区域的外观或运动信息进行整体性描述。常见的方法有轮廓法、光流法和梯度法等。其中轮廓法只考虑人体目标的外轮廓，无需考虑人体轮廓内关节的结构和运动。光流法首先计算连续视频帧间的光流场，然后采用非重叠的时空网格对光流场进行细分，并累计每个网格内的光流幅度作为网格的特征表示，最后将所有网格特征串联成为行为的特征向量。梯度法首先将图像分成小的连通区域，这些小的连通区域被称作细胞单元；然后采集细胞单元中各像素点的梯度或边缘方向直方图；最后把这些直方图组合起来构成特征描述子。在这三类全局行为特征方法中，轮廓法的计算过程相对简单，但是对颜色、纹理比较敏感，不能解决自遮挡问题，且其有效性很大程度上依赖于准确的人体目标检测、分割和跟踪等预处理。光流法不需要去除背景，也不需要精细的轮廓提取，具有更好的鲁棒性与实用性，但是光流法对相机运动以及噪声较为敏感，且计算量较大。梯度法既可以描述动态的人体目标，又可以描述静态的人体目标，然而对光照、纹理等变化也比较敏感。总的来说，全局行为特征方法比较依赖一些预处理或需要设定一些限制条件，比较容易受到环境噪声的干扰，难以很好地处理复杂环境下的行为识别。

为了克服全局行为特征的行为环境鲁棒性差的问题，研究人员经过大量实验研究并提出了基于局部的人体行为特征方法。局部行为特征方法主要包括兴趣点检测、局部描述算子、量化和词袋模型表达等几个步骤。局部行为特征不需要人体目标的检测、分割和跟踪等预处理步骤，对场景变化、光照、遮挡等具有较好的鲁棒性。但是局部行为特征的性能也很大程度上依赖于准确的兴趣点提取和局部描述算子的判别能力。

如上所述，虽然人们对于人体行为特征提取已经取得了大量的研究成果，但是由于人体行为的复杂性、多样性以及人体行为所处的复杂环境，到目前为止，还没有一种公认的最好的行为特征方法，广大研究人员还在不断地研究和探索。在当前的研究阶段下，就目前的行为特征研究成果来看，大多数的行为特征方法都很大程度上依赖于准确的人体目标检测、分割、跟踪以及人体目标兴趣点的检测等预处理步骤。而这些准确有效的预处理步骤本身也是研究的难点问题，并且这些预处理步骤所产生的误差会传递到后续的行为特征提取当中，进而影响整个方法的行为识别性能。

与当前的人体行为特征提取方式不同，本章从一个全新的角度对人体行为特征的提取进行了研究和探索，并构建了一种新的人体行为特征，即行为低秩特征。受到了鲁棒主成分分析（robust principal component analysis，RPCA）方法在恢复低秩矩阵上成功应用[153-154]的启发，本章将RPCA方法首次引入人体行为识别中。然而,传统的 RPCA 规则化参数难以有效提取视频序列中的人体行为信息。为此进行了大量实验研究,最终确定了适合人体行为特征提取的 RPCA 规则化参数及其计算公式,并将获得的人体行为特征称为行为低秩特征。行为低秩特征通过对行为视频数据进行低秩学习,在可行规则化参数的控制下,自动剔除行为背景并提取出人体行为信息。行为低秩特征有效地避免了传统行为特征所需的人体目标检测、分割、跟踪和兴趣点检测等预处理步骤,以及由这些预处理步骤带来的处理误差,从而提高了行为特征的鲁棒性和实用性。在三个具有代表性的基准数据库 KTH、UCF Sports 和 HMDB51 上的实验,表明了人体行为低秩特征的鲁棒性和有效性。

4.1.1 鲁棒主成分分析

经典的主成分分析(principal component analysis, PCA)是在计算数据分析和维度约简领域中常用的基本算法。经典 PCA 方法的基本思想是根据实际需要从原始数据空间中提取少量的互不相关的主要成分,去除数据中的噪声和冗余,即在尽可能多地保留原始数据绝大部分信息的同时,将原始高维空间中的数据映射到一个低维空间进行处理。该方法可以揭示出隐藏在复杂高维数据背后的简单结构,进而实现对复杂高维数据的维度约简。但是,经典 PCA 方法对数据中的噪声有一定的限制条件和假设,即假设噪声为高斯噪声,噪声的幅度和范围不能够过大。因此,当数据中包含严重的噪声和异常点时,经典 PCA 方法就难以取得很好的处理效果。

鲁棒主成分分析方法(RPCA)的本质也是寻找高维数据在低维空间上的最佳映射。但是与经典 PCA 方法的不同之处在于,RPCA 方法仅仅要求噪声是稀疏的,而噪声的幅度可以是任意的。因此,RPCA 方法具有比 PCA 方法更好的鲁棒性,能够处理包含严重噪声和异常点的高维数据。

假设存在一个数据矩阵 $\boldsymbol{X}\in\mathbb{R}^{m\times n}$,可以分解为一个低秩成分 $\boldsymbol{L}$ 加上一个稀疏误差成分 $\boldsymbol{S}$。RPCA 方法可以通过对主成分追求(principal component pursuit, PCP)进行求解,从数据 $\boldsymbol{X}$ 中分解出低秩成分 $\boldsymbol{L}$ 和稀疏误差成分 $\boldsymbol{S}$。原始的 RPCA 方法可以描述成如下的最优化问题:

$$\begin{aligned} &\min_{L,S}(\operatorname{rank}(\boldsymbol{L})+\lambda\|\boldsymbol{S}\|_0) \\ &\text{s.t.}\quad \boldsymbol{X}=\boldsymbol{L}+\boldsymbol{S} \end{aligned} \tag{4.1}$$

其中,rank(·)表示求秩运算,$\|\cdot\|_0$ 表示 l_0 范数约束,即计算数据中非零元素的个数。λ 是规则化参数,起到平衡低秩成分 $\boldsymbol{L}$ 和稀疏误差成分 $\boldsymbol{S}$ 的作用。

但是由于 l_0 范数约束是非凸非平滑的,不能进行求导运算,而且 l_0 范数问题是 NP-Hard 问题[155],难以优化求解。通常的做法是采用约束松弛法,用 l_1 范数约束代替 l_0 范数约束进行求解。l_1 范数计算的是数据中各元素绝对值之和。从式

(4.1)可以看出，RPCA 方法是希望低秩成分 $\boldsymbol{L}$ 的秩尽量小，且稀疏误差成分 $\boldsymbol{S}$ 尽量稀疏。对 S 求最小的 l_0 范数，就可以直观地得到最稀疏的 S。如果用 l_1 范数约束代替 l_0 范数约束，同样可以得到稀疏的 S，加上 l_1 范数更容易求解，那么这样的替代就是合理的，也是可行的。下面对 l_1 范数约束是否可以导致稀疏解这个问题进行分析。如图 4.1 所示，这里仅以二维数据的情况为例，平面上的等高线为目标函数，菱形为 l_1 范数约束。从图 4.1 中可以看到，l_1 范数约束与每个坐标轴相交的地方都有"角点"出现，而目标函数与 l_1 范数约束除了极其特殊的情况，大部分情况下都会在"角点"的位置相交，这样的相交就会产生稀疏性。在更高维的情况下，除了"角点"以外，还有很多边缘棱角有很大的概率成为第一次相交的地方，这也会产生稀疏性。因此，l_1 范数约束可以产生良好的稀疏性，并且便于计算，可以作为 l_0 范数的最优凸近似。

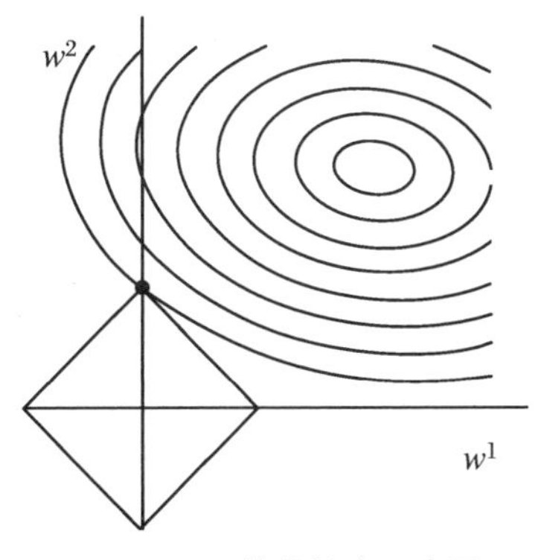

图 4.1　l_1 范数约束示意图

在用 l_1 范数约束代替 l_0 范数约束后，式(4.1)可以重写为

$$\begin{aligned}&\min_{L,S}(\operatorname{rank}(\boldsymbol{L})+\lambda\|\boldsymbol{S}\|_1)\\&\text{s.t.}\ \ \boldsymbol{X}=\boldsymbol{L}+\boldsymbol{S}\end{aligned}\tag{4.2}$$

其中规则化参数 λ 通常为

$$\lambda=\frac{1}{\sqrt{\max(m,n)}}\tag{4.3}$$

这里，m 和 n 分别表示数据矩阵 $\boldsymbol{X}$ 的行数和列数。在大部分情况下，使用由公式(4.3)计算得到的参数 λ，都能对目标数据矩阵 $\boldsymbol{X}$ 进行很好的低秩稀疏分解。然而对于提取人体行为的低秩特征，利用式(4.3)的 λ 却难以提取出良好的人体行为信息。因此，本章最终确定了能有效提取出人体行为特征的可行规则化参数 λ 及其计算公式。关于对提取人体行为低秩特征的可行参数 λ 及其计算公式将在 4.4.1 节中详细分析和介绍。

求解公式(4.2)主要的方法有迭代阈值法[156]、加速度梯度法[157]和增广拉格朗日乘子法(augmented Lagrange multipliers，ALM)[158]等。其中 ALM 方法因其具有更好的计算速度和精度，而被广泛使用。在 ALM 方法中又可进一步分为精确 ALM(exact ALM)方法和非精确 ALM(inexact ALM)方法。考虑到 inexact ALM 方法具有更好的收敛速度，在本章中使用了该方法对公式(4.2)进行求解。

4.1.2 行为视频序列的低秩分解

很多应用中的数据都可以被建模为低秩成分与稀疏误差成分之和，这些数据模型恰好与之前提到的 RPCA 模型相吻合。因此，RPCA 方法已经被成功应用于很多领域，比如视频监控[159]、视觉跟踪[160]和人脸识别[161]等。在人体行为识别中，行为视频序列间的共同特性可以被认为是视频序列的低秩成分，每个视频帧的个体特性可以被认为是视频序列的稀疏误差成分。因此，RPCA 模型也适用于行为视频序列的低秩稀疏分解，并且有理由相信 RPCA 可以很好地提取出包含人体行为信息的视频序列低秩成分。

图 4.2 展示了运用 RPCA 对 KTH 行为数据库中的一组行为序列进行低秩稀疏分解的实例。为了便于比较，选取了 1 幅挥手(hand waving)图像、10 幅快跑(running)图像和 1 幅拳击(boxing)图像组成一组行为序列。其中每幅图像为从原始行为图像中选出的人体目标部分，每幅图像的分辨率为 120×56。为了生成适合 RPCA 方法处理的数据矩阵，首先将每幅行为图像拉成一个长度为 6720(120×56)的列向量；随后将这 12 个列向量依次组合成一个数据矩阵 $\boldsymbol{X}\in\mathbb{R}^{6720\times12}$；然后使用 PRCA 方法对数据矩阵 $\boldsymbol{X}$ 进行分解，其中规则化参数 $\lambda=1/\sqrt{\max(m,n)}$(这里，$m=6720$，$n=12$)。在分解完成后，得到的低秩成分 $\boldsymbol{L}$ 和稀疏误差成分 $\boldsymbol{S}$ 具有与数据矩阵 $\boldsymbol{X}$ 相同的大小，即 $\boldsymbol{L}\in\mathbb{R}^{6720\times12}$，$\boldsymbol{S}\in\mathbb{R}^{6720\times12}$。为了便于观察，再将 $\boldsymbol{L}$ 和 $\boldsymbol{S}$ 的每一列转换为 120×56 的矩阵，并将图像化为低秩图像。由于空间的限制，在图 4.2 中只展示了 1 幅挥手(hand waving)图像、5 幅快跑(running)图像和 1 幅拳击(boxing)图像，及其分解得到的低秩成分 $\boldsymbol{L}$ 和稀疏误差成分 $\boldsymbol{S}$。从图 4.2(b)中可以看到，各幅运动图像对应的低秩图像都非常相似，甚至与快跑存在很大差异的挥手和拳击图像的低秩图像与快跑的低秩图像都非常相似，合并了各运动图像间的共同特性。而各幅运动图像的稀疏误差图像，如图 4.2(c)所示，则存在较大差异，特别是挥手图像和拳击图像与快跑的稀疏误差图像存在很大差异。这些稀疏误差图像反映出了原始运动图像的个体差异。

人们在对一个视频序列中的行为进行识别时，通常是关注整个视频序列所整体反映出的人体行为信息，而单个视频帧相对于其他视频帧的个体差异通常会被忽略掉。因此，低秩特征对各视频帧所共同反映的行为信息的提取激发了笔者研究一种新的行为特征提取方式的愿望，即如果行为视频序列的低秩特征可以有效地提取出视频序列中的行为信息，将有可能成为一种新的提取视频序列中人体行为信息的方式。

(a) 原始行为图像

(b) 低秩图像

(c) 稀疏误差图像

图 4.2　几幅行为图像的 RPCA 分解实例

4.1.3　行为低秩特征提取方法

以上实验和分析表明运用行为视频序列的低秩特征提取人体行为信息存在一定的可能性。下面对如何才能通过低秩学习有效提取视频序列中的人体行为信息进行研究和分析。

1. 可行的规则化参数分析

受到如图 4.2 所示实验及相关分析的启发，进一步在一个完整行为视频序列中进行 RPCA 低秩稀疏分解实验。图 4.3 展示了一个 KTH 数据库中快跑视频序列的 RPCA 分解结果。在图 4.3 所示的实验中，使用的快跑行为序列共包含了

335个视频帧，每个视频帧的分辨率为120×160。同样，将这335个视频图像堆积成 $\boldsymbol{X} \in \mathbb{R}^{19200 \times 335}$ 的数据矩阵，然后规则化参数根据 $\lambda = 1/\sqrt{\max(m, n)}$ 来计算（这里，$\lambda = 1/\sqrt{19200}$）。由于空间限制，图4.3中只展示了6幅快跑原始图像及其低秩图像和稀疏误差图像。同时为了便于观察，将每幅低秩图像和稀疏误差图像中的灰度值都归一化为[0,255]。

从图4.3中可以看到，低秩图像中只显示了人体行为的背景图像，稀疏误差图像显示了原始图像被除去背景图像后的清晰人体目标图像。看到图4.3中的现象，不禁会让人怀疑：低秩图像描绘的还是视频序列中的共同特性吗？它是否还具有捕获视频序列中行为信息的能力？通过对图4.3中现象的深入分析和相应的实验研究，发现图4.3(b)中的低秩图像本身其实是捕获了视频序列中的共同特性的，并且也捕获了视频序列中的行为信息。在低秩图像中，大部分的信息是相互关联的，其中就包含了视频序列中的行为信息和背景图像。首先各视频帧中的人体目标的动作具有一定的连续性和相关性，因而存在着密切的联系，因此应该被低秩图像捕获出来。其次各视频帧中的背景图像更是非常相关，也可以被低秩图像捕获到。事实上，图4.3(b)中的低秩图像也确实很好地完成了这两项任务，其中视频序列中的人体行为信息和背景图像都被捕捉到了。只不过各视频帧中的背景图像相比人体目标的动作存在更大的相关性，因此，在进行低秩学习的时候，背景图像被分配了相对人体行为信息幅度更大的数据成分。这一数据学习结果就导致在如图4.3(b)所示的低秩图像里，人体行为信息完全被行为背景信息覆盖住了，进而只有行为背景图像被观察到。

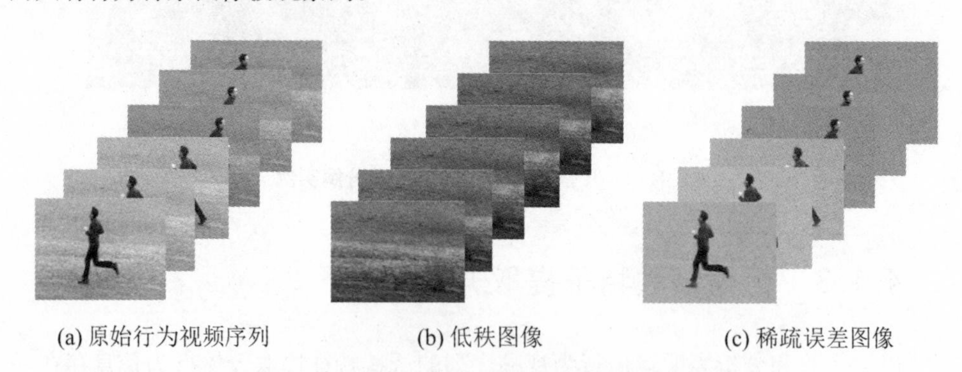

(a) 原始行为视频序列　　(b) 低秩图像　　(c) 稀疏误差图像

图4.3　快跑视频序列的RPCA低秩稀疏分解结果

从上面的分析还可以看出，要想获得纯粹的人体行为信息，就必须将低秩图像中的背景成分剔除。那么怎样才能将低秩图像中的背景成分剔除呢？通过大量实验研究，发现这其中的关键在于RPCA方法中的规则化参数 λ 的取值。在RPCA方法中，规则化参数 λ 起到平衡低秩成分 $\boldsymbol{L}$ 和稀疏误差成分 $\boldsymbol{S}$ 的作用，参数 λ 的值直接影响到RPCA对目标数据的分解结果。由RPCA计算公式(4.2)可知，当减小参数 λ 的取值时，目标数据矩阵 $\boldsymbol{X}$ 中的更少成分会被分配到低秩成分 $\boldsymbol{L}$ 中，而更多的成分被分配到稀疏误差成分 $\boldsymbol{S}$ 中。当增大 λ 的取值时，就会得到相反的效果。在图 4.3 所示的实验中，参数 λ 的取值为 $\lambda = 1/\sqrt{\max(m, n)}$，在这个参数的约束下，RPCA 方法将目标数据矩阵精确地、完全地分解为低秩成分 $\boldsymbol{L}$ 和稀疏误差成分 $\boldsymbol{S}$。因此，参数 $\lambda = 1/\sqrt{\max(m, n)}$ 非常适合绝大部分需要对目标数据进行精确的、完全的低秩稀疏分解的场合。但在人体行为识别中，人们期望得到只包含人体行为信息的低秩图像，这就需要低秩图像能够很好地将其中的人体行为信息与背景图像分离开来。因此需要改变规则化参数 λ 的取值，并找到适合提取视频序列中人体行为信息的可行规则化参数 λ。

为了在提取视频序列中确定人体行为信息可行的参数 λ，本章进行了大量的实验研究。其实，当 RPCA 方法中规则化参数取值为 $\lambda = 1/\sqrt{\max(m, n)}$ 时，参数 λ 的取值是目标数据矩阵的行数 m 和列数 n 之间的最大值。通常情况下数据矩阵的行数 m 会大于其列数 n，此时参数 λ 的取值就为 $\lambda = 1/\sqrt{m}$，即参数 λ 的取值只与数据矩阵的行数 m 有关，而与其列数 n 无关。然而，在大量的实验研究中，笔者发现能提取出视频序列中人体行为信息可行的参数 λ，不仅与目标数据矩阵的行数 m 有关，还与其列数 n 密切相关。

下面通过一组实验来分析对提取人体行为信息可行的规则化参数 λ 与数据矩阵的行数 m 和列数 n 之间存在的关系及其可行的计算公式。在这组实验中，还是使用如图 4.3 所示实验中相同的行为视频序列。在由这组视频序列组成的目标数据矩阵中矩阵的行数 m 远大于列数 n。根据之前的分析，可行的规则化参数 λ 与传统参数 $\lambda = 1/\sqrt{\max(m, n)}$ 间存在的主要差异就是参数 λ 的取值是否与目标矩阵的列数 n 有关。因此，在这组一共包含 335 个视频帧的快跑视频序列中，按照视频序列的原始顺序从少到多选取不同数量的视频帧组成目标数据矩阵进行 RPCA 低秩稀疏分解实验。具体是，首先选取前 10 帧视频序列组成数据矩阵 $\boldsymbol{X} \in \mathbb{R}^{19200 \times 10}$ 进行分解实验，然后每次增加 20 帧视频序列，即第二次分解实验的数据矩阵为 $\boldsymbol{X} \in \mathbb{R}^{19200 \times 30}$，第三次分解实验的数据矩阵为 $\boldsymbol{X} \in \mathbb{R}^{19200 \times 50}$。依此类推，直到最后把 335 个视频帧全部用完，最后一次分解实验中的数据矩阵为 $\boldsymbol{X} \in \mathbb{R}^{19200 \times 335}$。在每一次的 RPCA 低秩稀疏分解实验中，将取得最好分解结果的参数 λ 的取值都记录下来。这里的最好分解结果是指低秩图像中的背景成分被很好地剔除掉，只保留有清晰的人体行为信息。此时，低秩图像中背景成分被剔除掉，其所在位置的像素值变为 255，在低秩图像中表现为白色部分，而人体行为信息的部分像素值小于 255，在低秩图像中表现为灰色或黑色（如图 4.4(b)所示）。当达到最好的分解结果时，低秩图像中像素值为 255 的像素最多，所占全部像素的比例最大。因此，在实验中将每次低秩图像中 255 像素所占比例最大时的规则化参数 λ 的取值记录下来。值得注意的是，在对每个由不同数量的视频帧组成的数据矩阵进行分解时，取得最好分解结果对应的参数 λ 的取值并不只有一个，而是存在一个最佳的取值范围,被记录的也正是这个参数 λ 的最佳取值范围。图 4.4 展示了在可行规则化参数 λ 下的快跑行为视频序列的分解结果。

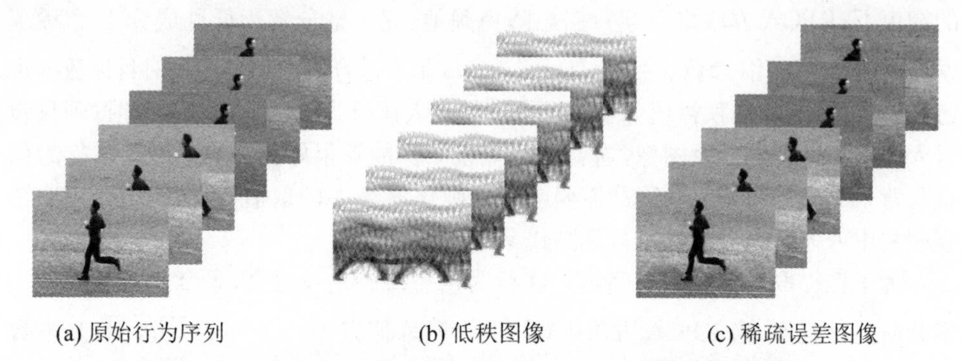

(a) 原始行为序列　　(b) 低秩图像　　(c) 稀疏误差图像

图 4.4　快跑视频序列在可行参数 λ 下的 RPCA 低秩稀疏分解结果

对比图 4.3 和图 4.4,可以看出如图 4.4(b)所示的低秩图像已经很好地剔除了背景成分,良好地保留了快跑行为信息。为了更加全面地研究对提取行为信息有利的可行规则化参数 λ,将选取更多的行为视频序列进行类似的 RPCA 低秩稀疏分解实验。具体是从 KTH 行为库中对每类行为视频随机选取 10 个行为视频,6 类行为共计 60 个行为视频,进行如图 4.4 所示类似的分解实验。其中可行参数 λ 的最佳取值范围的记录方式与图 4.4 所示实验相同。最后统计出了不同情况下的可行参数 λ 的最佳取值范围,并通过数据分析确定了可行参数 λ 的计算公式如下:

$$\lambda = \frac{1}{\sqrt{m \times n}} \times K \tag{4.4}$$

其中,m 和 n 与公式(4.3)相同,分别表示数据矩阵 $\boldsymbol{X}$ 的行数和列数。K 为调节系数,即当在一个行为视频序列中的数据矩阵的行数 m 和列数 n 固定时,可以通过调节 K 的取值来获取最佳的参数 λ 值,使 RPCA 分解效果达到最佳。公式(4.4)对行为低秩特征的提取至关重要,通过这个公式便可以自动地计算出每个视频序列最佳的规则化参数 λ 的取值。图 4.5 展示了在不同视频帧数,即对应于数据矩阵的列数 n 所得到的可行参数 λ 的取值范围,以及公式(4.3)和公式(4.4)与可行参数 λ 的吻合情况。

由于在选取的 60 个行为视频中,每个视频包含的帧数不尽相同,因此为了便于比较,在图 4.5 中只展示了前 335 帧的情况。从图 4.5 中可以看到,随着视频帧数的增加,即目标数据矩阵的列数 n 的增加,可行规则化参数 λ 的取值逐渐减小。同时还可以观察到在视频帧数较小时,可行参数 λ 的取值范围相对较大;而当视频帧数较大时,可行参数 λ 的取值范围相对较小。这是因为随着视频帧数的增大,由于各视频帧中的人体行为信息都存在差异,而视频序列中行为信息之间的相关性(共同特性)会减少,因此,低秩特征要提取出视频帧数大的视频序列中的人体行为信息，对规则化参数 λ 取值的要求会更加严格。同时在图 4.5 中还可以看到，根据公式 $\lambda = K/\sqrt{m \times n}$ 计算得来的参数 λ 的值随着视频帧数的增加而不断减小，并且与实际参数 λ 的值吻合得非常好，而由公式 $\lambda = 1/\sqrt{\max(m,n)}$ 计算得来的参数 λ 为一个固定值，其与实际参数 λ 的值相差甚远。同时在绝大多数情况下，$\lambda = K/\sqrt{m \times n}$ 的值都小于 $\lambda = 1/\sqrt{\max(m,n)}$ 的值，这将促使 RPCA 方法在对视频序列进行分解时将更多的成分分配给稀疏误差成分 $\boldsymbol{S}$，而将更少的成分分配给低秩成分 $\boldsymbol{L}$，这将有利于低秩特征将人体行为信息之外的背景信息剔除掉。另外从图 4.5 中还可以看到，当 $K = 1.25$ 时，参数 $\lambda = K/\sqrt{m \times n}$ 与实际 λ 值吻合得最好；而当 $K = 1.5$ 和 $K = 1.0$ 时，计算得到 λ 值恰好可视为实际 λ 值的上限和下限。上述实验虽是以 KTH 行为数据库为例得出的数据，但仍可以为其他数据库上的行为低秩特征提取实验提供很好的参考。

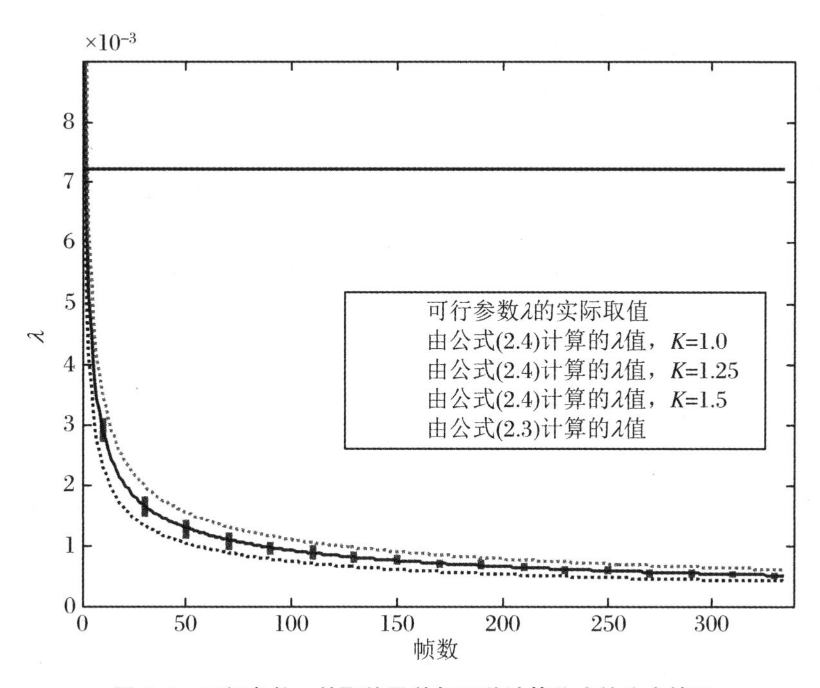

图 4.5　可行参数 λ 的取值及其与两种计算公式的吻合情况

由图 4.5 所示的实验及分析可知，参数 $\lambda = K/\sqrt{m \times n}$ 对提取视频序列中的人体行为信息是有效的。并且对于 KTH 行为数据库，参数 $\lambda = K/\sqrt{m \times n}$ 中 K 的最佳取值为 1.25。图 4.6 给出了运用参数 $\lambda = K/\sqrt{m \times n}$ 在 $K = 1.25$ 时，对 KTH 数据库中 6 类人体行为进行行为低秩特征提取的示例，以及在 K 不等于 1.25 的非最佳取值时的行为低秩特征提取结果，同时也对比了运用参数 $\lambda = 1/\sqrt{\max(m,n)}$ 进行行为低秩特征的提取结果。从图 4.6 中可以看到，当规则化

参数 $\lambda=1/\sqrt{\max(m,n)}$时，图4.6中第2行所示的低秩特征难以有效地提取出视频序列中的人体行为信息，这与图4.5中所示的由 $\lambda=1/\sqrt{\max(m,n)}$计算得到的 λ 值与实际可行的 λ 值相差甚远的结果是吻合的。图4.6中第3行所示为当 $\lambda=K/\sqrt{m\times n}$且 $K\neq 1.25$ 时的行为低秩特征提取结果，此时参数 λ 的取值比由 $\lambda=1/\sqrt{\max(m,n)}$计算得到的 λ 值更好，但并没有到达最优。提取的行为低秩特征好于图4.6中第2行所示结果，但低秩特征仍有部分残留的背景信息。图4.6中第4行所示为当 $\lambda=K/\sqrt{m\times n}$且 $K=1.25$ 时的行为低秩特征提取结果，此时 λ 的取值达到了最优，提取的行为低秩特征完全去除了背景信息，并提取到了清晰的人体行为信息，该参数下提取的行为低秩特征效果最好。图4.6所示的各种行为低秩特征的提取情况也与图4.5中所分析的各种 λ 取值间的关系完全吻合。

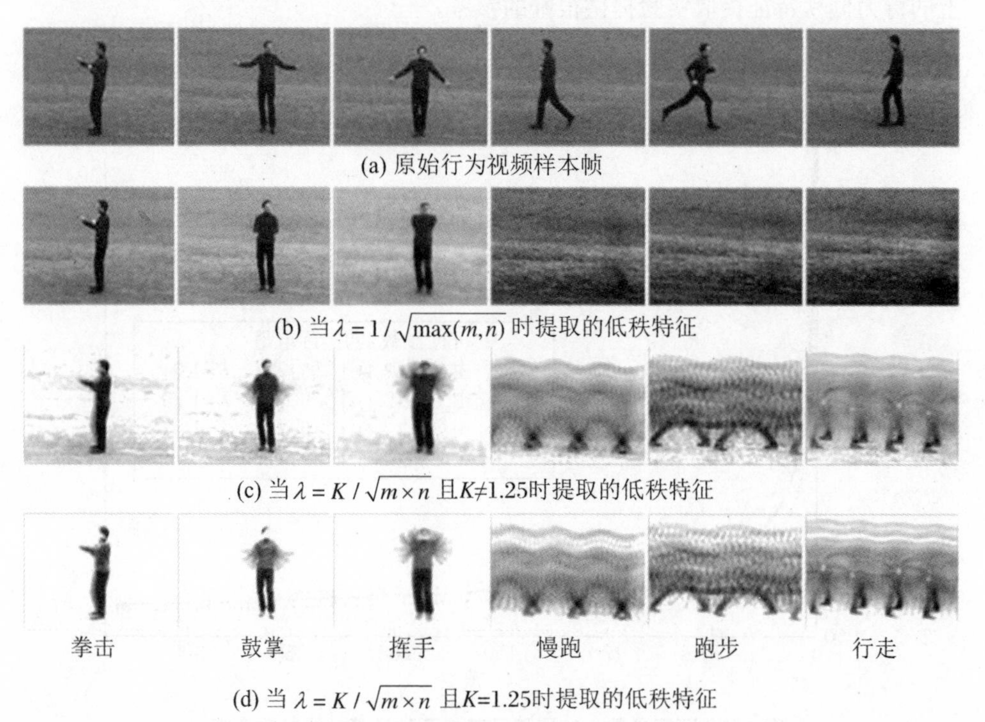

图4.6　KTH数据库中在各种参数下的行为低秩特征提取结果

由以上的实验分析可知，在KTH行为数据库中，当 $\lambda=K/\sqrt{m\times n}$且 $K=1.25$ 时，低秩特征可以有效地提取出视频序列中的人体行为信息。在其他数据库上的行为低秩特征提取情况将在下面章节进行分析。

2. 行为低秩特征提取实验

图4.6展示了行为低秩特征在KTH数据库上的提取效果。为了更加全面地

验证行为低秩特征的有效性，又另外选取了真实场景数据库中的复杂数据库 UCF Sports 和 HMDB51 进行行为低秩特征提取实验。UCF Sports 和 HMDB51 数据库是大量行为识别研究文献中所经常使用的行为数据库。相比 KTH 数据，这两个数据库中的人体行为更加复杂，行为发生的场景也是真实生活中的场景。选择这两个复杂数据库进行视频序列的行为低秩特征提取，具有很好的代表性，也是对行为低秩特征有效性很好的检验。关于 UCF Sports 和 HMDB51 数据库的具体情况已在第 1 章绪论里面详细介绍，这里只简单介绍一下这两个行为数据库。

UCF Sports 数据库视频内容是从网络上收集得到的，共包含了 10 种行为，分别为跳水、打高尔夫球、踢腿、举重、骑马、跑步、滑板运动、鞍马运动、高低杠运动和行走。UCF Sports 数据库共收集了 150 个行为视频序列，其行为场景变化很大，拍摄角度较为灵活，同类行为间差异较大，且涉及一些多人交互行为。

HMDB51 数据库中的行为视频大部分是从网络上收集得到的，场景复杂多变，人体的外观、拍摄视角变化差异很大。该数据库共包含了喝水、抽烟、交谈、攀爬、跳、射击和握手等 51 类人体行为。该数据库是目前为数不多的几个行为类别多、行为样本数多、挑战性非常大的行为数据库之一。

在 UCF Sports 和 HMDB51 数据库上的行为低秩特征提取实验，使用的规则化参数是 $\lambda = K/\sqrt{m \times n}$，其中在 UCF Sports 数据库上 $K = 1.30$，在 HMDB51 数据库上 $K = 1.25$。图 4.7 和图 4.8 分别展示了在 UCF Sports 和 HMDB51 数据库上的行为低秩特征提取情况。从图 4.7 和图 4.8 中可以看到，在可行规则化参数 λ 的作用下，通过 RPCA 方法对行为视频序列进行低秩稀疏分解得到的行为低秩特征，仍能很好地提取到视频序列中的人体行为信息。不过相比图 4.6 所示的在 KTH 数据库上非常干净的低秩特征，在这两个复杂数据库上的低秩特征还残留有少部分背景信息，这是由于 UCF Sports 和 HMDB51 数据库上的行为背景更加复杂。过于复杂的行为背景对绝大部分行为特征提取方法都是一种挑战，这也是现有的研究文献中，在 UCF Sports 和 HMDB51 数据库上的行为识别准确率不如在 KTH 数据库上识别准确率高的原因。

通过在以上三个具有代表性的行为数据库上的实验和分析可知，在可行规则化参数 $\lambda = K/\sqrt{m \times n}$ 的作用下，行为低秩特征可以有效地提取到视频序列中的人体行为信息。然而行为低秩特征的数据形式并不适合后续的行为分类，怎样将行为低秩特征中的行为信息有效地表达为适合行为分类的数据形式（即研究适合行为低秩特征的特征表达方法），将在 4.2 节中详细介绍。

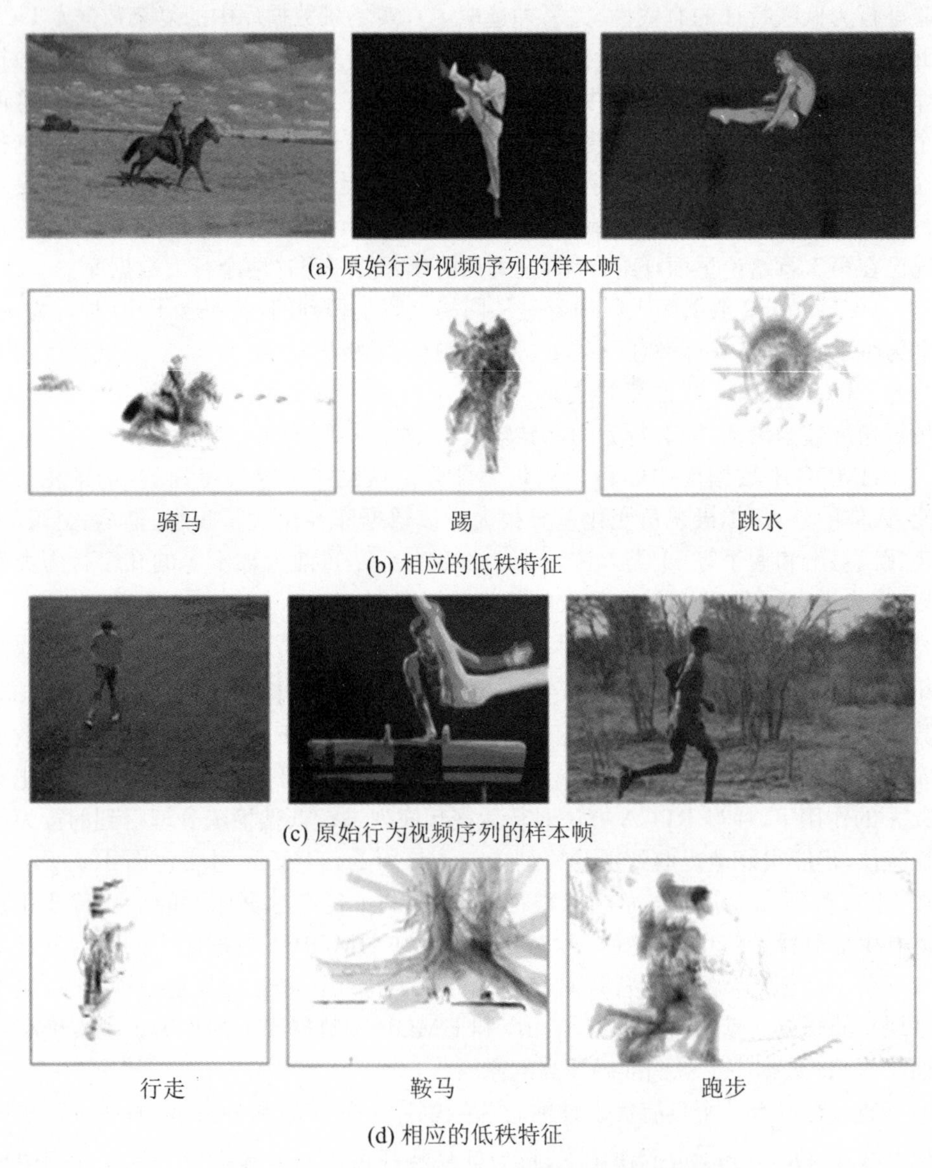

图 4.7　UCF Sports 数据库上的低秩特征提取结果

4.2　行为低秩特征的表达

4.1 节已构建了一种运用行为低秩特征提取视频序列中人体行为信息的方法，并详细介绍了人体行为低秩特征的提取方式，最后在三个具有代表性的行为数

(a) 原始行为视频序列的样本帧

(b) 相应的低秩特征

(c) 原始行为视频序列的样本帧

(d) 相应的低秩特征

图 4.8　HMDB51 数据库上的低秩特征提取结果

据库上验证了行为低秩特征的有效性和鲁棒性。在提取到视频序列的行为低秩特征之后，如何设计适合行为低秩特征的表达方法，很好地将其中的行为信息表达为适合后续行为分类的数据形式，成了本章的主要研究内容。

为了找到适合行为低秩特征的表达方法，首先对行为低秩特征中行为信息的特点进行了仔细分析。从图 4.2 中可以看到，行为低秩图像（行为低秩特征经图形化后形成行为低秩图像）的数量与原始视频序列的帧数以及稀疏误差图像的数量是一致的。同时还可以看到，各低秩图像几乎完全一样，都同时反映了整个行为视频序列的人体行为信息。这似乎只需取这些低秩图像中的一幅图像就能代表了所有得到的低秩图像。经过仔细的数据对比可以发现，各低秩图像间还是存在非常微小的差别的。为了克服这种微小的差别,并得到最具代表性的低秩图像,将所有低秩图像平均为一幅低秩图像。然后用这幅低秩图像代表整个行为视频序列参与后续的低秩特征表达与行为分类处理。

在得到行为视频序列的平均低秩图后,运用了几种常见的特征表达方法,包括 Hu 矩[162]、Zernike 矩[163]、分层梯度方向直方图(pyramid of histogram of oriented gradients, PHOG)[164]和边缘方向直方图(edge orientation histograms, EOH)[165],来描述视频序列的低秩图像。然后将得到的特征数据输入支持向量机进行行为分类。遗憾的是这些方法最终未能取得理想的行为识别性能。通过分析发现,由于行为低秩图像的特殊性,这些特征表达方法并不适合表达行为低秩特征。为此,在充分研究了行为低秩特征自身特性的情况下,构建了一种新的特征表达方法——边缘分布直方图(edge distribution histogram, EDH),并在 EDH 的基础上引申出了对旋转和平移更具鲁棒性的累加边缘分布直方图(accumulated edge distribution histogram, AEDH)。如图 4.9 所示,最后利用 AEDH 方法表达行为低秩特征,并将得到的特征向量输入支持向量机进行行为分类。在 KTH、UCF Sports 和 HMDB51 三个具有代表性的基准数据库上的实验表明,本章构建的 AEDH 方法能够有效地表达出行为低秩特征中的行为信息,并最终取得了更好的识别性能。

4.2.1 累加边缘分布直方图

行为低秩特征在反映视频序列中的人体行为信息的同时,也具有其自身的特殊性。在行为数据库中,行为执行者往往穿着不同颜色的服装,这些服装的颜色被灰度化后会表现出不同的灰度值,而这些灰度信息会连同行为信息一起被行为低秩特征捕捉到。以图 4.6 为例,图中第 4 行为 6 种行为视频序列在最佳规则化参数 λ 下获得的低秩特征。从图中可以看到,行为执行者的上衣颜色较浅,裤子颜色较深,这种情况也会被反映在相应的低秩特征中。而目标人体的行为信息只与人体的运动情况相关,与执行者的服装灰度信息没有关系。另一方面,行为低秩特征描绘的是整个视频画面空间内的人体运动分布,这一点与传统的行为特征,如运动历史图、运动能量图、平均运动能量图、能量变化图等,将各视频帧中目标人体运动信息以人体中心为基准点进行对准与合并存在较大差别。行为低秩特征在上述两个方面的特殊性使得如 Hu 矩、Zernike 矩、PHOG 和 EOH 等传统特征表达方法未能取得理想的行为识别性能。针对行为低秩特征本身的特性,本节研究并设计了适合行为低秩特征的表达方法。

良好的行为低秩特征表达方法应该能很好地描述出其中的人体行为信息,而不受到行为执行者服装灰度信息的影响。为了克服行为执行者服装灰度信息的影响,并同时很好地描述出低秩特征中的行为信息,本节首先构建了边缘分布直方图用以描述行为低秩特征，并在此基础上引申出了累加边缘分布直方图。

1. 边缘分布直方图

由于目标人体的行为信息只与人体的运动情况相关，而与执行者的服装灰度信息没有关系，因此，在设计描述算子时需要将执行者服装的灰度信息克服掉。边缘分布直方图首先对行为低秩特征形成行为低秩图像进行边缘信息提取，其中边缘检测用到的是 Canny 边缘检测算子。以 KTH 行为数据库中的 6 类人体行为为例，图 4.10 中第 3 行为对图中第 2 行低秩图像提取边缘信息的结果。从图 4.10 中第 3 行的边缘图像可以看到，边缘图像克服了行为执行者服装灰度信息的影响，并且很好地描述了低秩特征中的人体行为信息。另外从边缘图像中还可以看到，由于视频中的视频帧并非完全连续，人体的运动会产生大量的边缘信息，这也是选择对行为低秩图像提取边缘信息的另外一个原因。

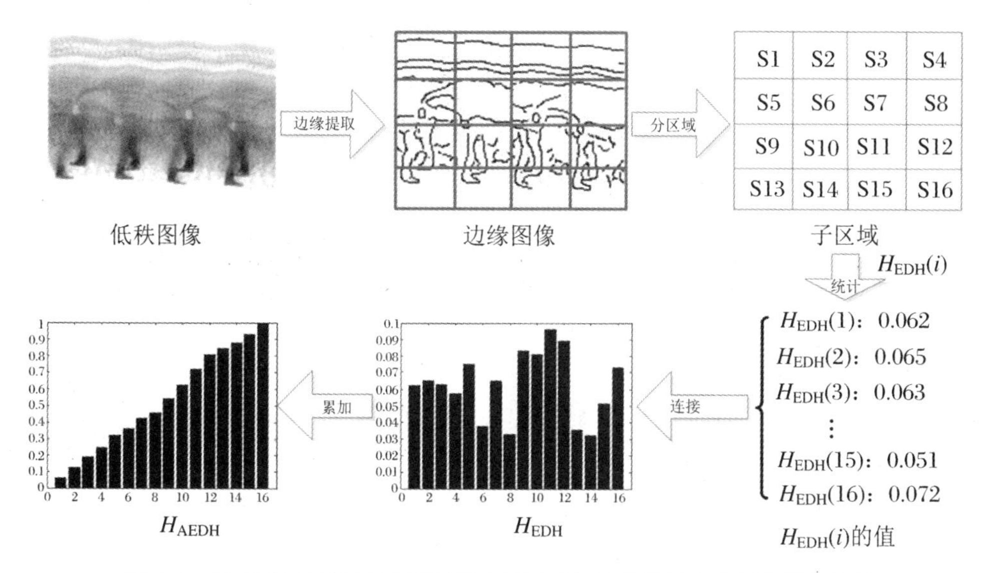

图 4.9　EDH 和 AEDH 直方图的形成过程，以 KTH 数据库中行走行为为例

在得到行为低秩图像的边缘图像后，就需要对边缘图像中的人体行为边缘信息进行统计。首先将边缘图像划分为 $N \times N$ 个子区域，其中每个子区域的长宽比与原始边缘图像相同。然后对每个子区域中的人体行为边缘信息进行统计，即对每个子区域中边缘像素的个数进行统计。为了便于后续的行为分类方法处理，将每个子区域中边缘像素个数占整个边缘图像中边缘像素个数的比例作为每个子区域边缘信息的最后表征 $H_{EDH}(i)$。最后将所有子区域的边缘信息按先后顺序串联成一个长度为 $N \times N$ 的直方图特征向量 H_{EDH}，参与后续的行为分类处理。直方图 H_{EDH} 的计算公式如下：

$$H_{EDH} = [H_{EDH}(1), H_{EDH}(2), \cdots, H_{EDH}(i), \cdots, H_{EDH}(N \times N)]$$

$$H_{\mathrm{EDH}}(i)=\frac{n_i}{\sum_{j=1}^{N\times N} n_j}\quad(i=1,2,\cdots,N\times N)\tag{4.5}$$

其中，n_i 和 n_j 分别表示第 i 个子区域和第 j 个子区域中的边缘像素个数。边缘分布直方图可以很好地描述边缘图像中的人体行为信息分布，但是由于直接将每个子区域的行为边缘信息作为特征向量的数据元素，单个子区域中的行为信息变化对 EDH 向量的影响较大，同时 EDH 也容易受到旋转和平移的影响。

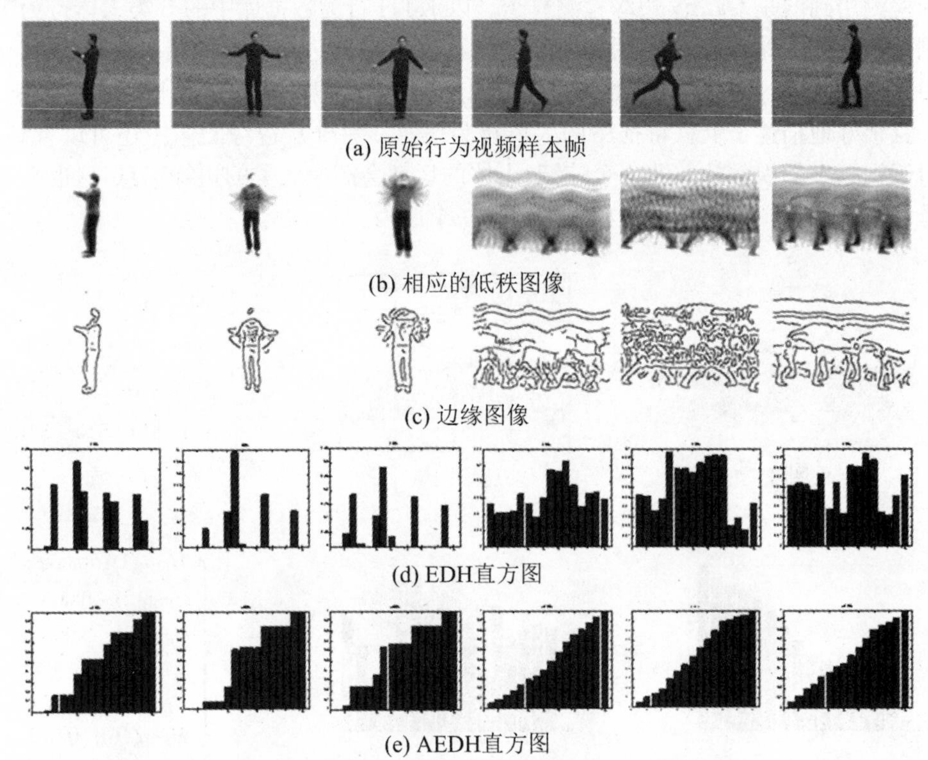

图 4.10　KTH 数据库中各行为类的 EDH 和 AEDH 直方图

2. 累加边缘分布直方图

首先按 EDH 方法统计出边缘图像中每个子区域的行为边缘信息，然后将第 i 个子区域之前所有子区域的边缘信息累加后作为直方图特征向量的第 i 个元素 $H_{\mathrm{AEDH}}(i)$，最后将所有 $H_{\mathrm{AEDH}}(i)$ 串联为一个长度为 $N\times N$ 的直方图特征向量 H_{AEDH}。直方图 H_{AEDH} 的计算公式如下：

$$H_{\mathrm{AEDH}}=[H_{\mathrm{AEDH}}(1),H_{\mathrm{AEDH}}(2),\cdots,H_{\mathrm{AEDH}}(i),\cdots,H_{\mathrm{AEDH}}(N\times N)]$$

$$H_{\mathrm{AEDH}}(i)=\frac{\sum_{k=1}^{i} n_k}{\sum_{j=1}^{N\times N} n_j}\quad(i=1,2,\cdots,N\times N)\tag{4.6}$$

其中，n_k 和 n_j 分别表示第 k 个子区域和第 j 个子区域中的边缘像素个数。AEDH 描述方法通过累加单个子区域边缘信息的方式削弱了单个子区域边缘信息对整个直方图特征向量的影响，增加了直方图特征向量对旋转和平移的鲁棒性。后续的行为分类实验也证实了 AEDH 方法具有更好的行为识别性能。

图 4.9 以 KTH 行为数据库中的行走行为为例，展示了当 $N=4$ 时的累加边缘分布直方图的形成过程。图 4.10 以 KTH 数据库为例，展示了不同行为类的低秩图像、边缘图像、边缘分布直方图以及累加边缘分布直方图。从图 4.10 中可以看到，不同行为的边缘图像以及 EDH 直方图和 AEDH 直方图都存在较大的差别，可以将其作为行为分类的依据。

此外，从图 4.9 中以及式(4.5)和式(4.6)可以看出，公式中参数 N 的取值会直接影响到 EDH 和 AEDH 的计算。N 的取值越小，EDH 和 AEDH 会对旋转和平移更加鲁棒，但同时会降低各行为类的类间方差。如果 N 的取值增大，又会增加各行为类的类内方差。因此，太大或太小的 N 值都不利于 EDH 和 AEDH 很好地表达行为低秩特征。同时由于不同的行为数据往往具有各自不同的特性，如果不能找到对每个数据库都有效的统一的 N 值，就需要为每个数据库设置最佳的 N 值。关于 EDH 和 AEDH 中参数 N 的取值，将在后面实验部分详细讨论。

4.3　实验与分析

在对行为视频序列进行低秩特征提取以及低秩特征表达后，便可以得到一个归一化的特征向量，这一特征向量将代表原始的行为视频序列参与后续的行为分类实验。为了验证行为低秩特征及本章构建的低秩特征表达方法的行为识别性能，将在三个具有代表性的基准数据库 KTH、UCF Sports 和 HMDB51 上进行行为分类实验。本节首先介绍行为分类实验中的实验设计，然后分析在三个基准数据库上的行为识别结果。

4.3.1　实验设计

如第 4.1 节所述，在视频序列的行为低秩特征提取中，规则化参数 λ 起到了关键性的作用。其中公式 $\lambda=K/\sqrt{m\times n}$ 比 $\lambda=1/\sqrt{\max(m,n)}$ 更适合用于行为低秩特征的提取。在第 4.1 节中主要以 KTH 数据库为例，分析了公式 $\lambda=K/\sqrt{m\times n}$ 中 K 的最佳取值，在本节中还将在 UCF Sports 和 HMDB51 行为数据上验证所构建方法的识别性能，关于在不同数据库上 K 的最佳取值及其对最终识别性能的影响，将在本节重点讨论。同时从式(4.5)和式(4.6)中可以看出，公式中

参数 N 的取值会直接影响到 EDH 和 AEDH 对行为低秩特征的描述性能。概括起来说,在所构建的行为识别方法中存在两个参数需要确定,即公式 $\lambda = K/\sqrt{m\times n}$ 中的 K 与 EDH 和 AEDH 中的参数 N。考虑到这两个参数的变化都会影响到最终的行为识别性能,将这两个参数看成一个整体,研究参数 K 和 N 取值变化对最终行为识别性能的影响,并得出对于不同行为数据库的最佳参数组合。

本节采用了网格搜索法和交叉验证搜索对于每个行为数据库的最佳参数组合。首先为每个行为数据库利用不同的参数 K 和 N 取值建立网格数组对。其中参数 K 允许的取值范围是[1, 1.5],采样间隔是 0.05;参数 N 被允许在 6 个尺度上取值,即(4, 8, 16, 32, 64, 128)。然后取出一组 K 和 N 的值,并利用交叉验证计算出在该组参数取值下的行为识别结果,这里用到了留一法交叉验证,与后面计算最终行为识别率的验证方法一致。最后计算出不同组合的 K 和 N 对应的行为识别结果,其中最高识别率对应的参数 K 和 N 的取值即为最佳的参数组合。图 4.11 展示了在 KTH、UCF Sports 和 HMDB51 三个行为数据库上,EDH 和 AEDH 两种表达方法在不同参数 K 和 N 取值下的行为识别率。从图 4.11 中可以看到不同的 K 和 N 取值对最终行为识别率的影响,同时还可以看到,AEDH 表达方法在三个数据库上的行为识别性能均好于 EDH。最后取每个数据库上最高行为识别率对应的参数 K 和 N 取值为该数据库的最佳参数组合,具体为 KTH 数据库上 $K=1.25$,$N=16$;UCF Sports 数据库上 $K=1.30$,$N=64$;HMDB51 数据库上 $K=1.25$,$N=32$。这里只展示了在上述三个行为数据库上的参数取值情况,在其他数据库上的最佳参数取值也可以通过类似的方法来确定。

在得到各数据库对应的最佳参数后,每个原始的行为视频序列便可通过低秩特征提取和 AEDH(或 EDH)方法被表达为一个特征向量,然后将所有行为视频序列的特征向量输入分类器进行分类处理。本章采用的行为分类方法是基于 Chi-square 核的支持向量机,并采用 one-vs-one 的分类策略。下面分别介绍在各个行为数据库上的行为识别实验。

4.3.2 实验结果

1. KTH 数据库行为识别实验

在 KTH 数据库上的行为识别实验中,采用了留一法交叉验证测试方法。这种测试方式充分地保证了训练集与测试集的独立性,确保了测试数据没有被分类器学习过,其测试结果的有效性和可信性已得到广大研究人员的认可,因此,这种验证方法被广泛应用于各种不同的行为识别方法中。采用留一法交叉验证,也更加便于将文中构建的方法与其他行为识别方法进行比较。在 KTH 数据库中,留一法具体是将一个行为执行者的视频序列作为测试集,将其余的 24 个行为执行者的视频序列作为训练集。然后依次循环,使每一个行为执行者的视频序列都作为一次测试集。总共进行 25 次循环测试,最终的行为识别准确率为 25 次测试的平均值。

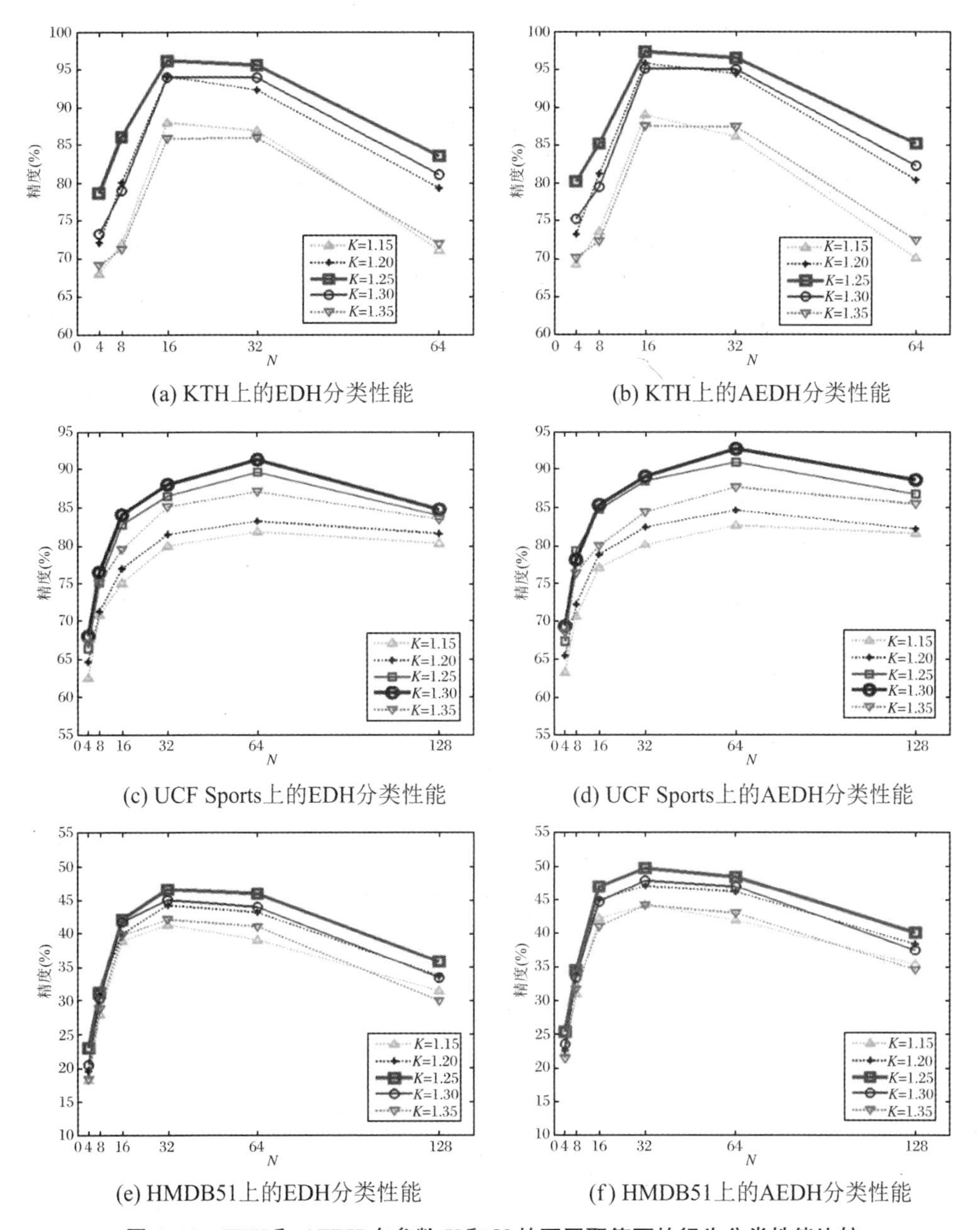

(a) KTH上的EDH分类性能　(b) KTH上的AEDH分类性能

(c) UCF Sports上的EDH分类性能　(d) UCF Sports上的AEDH分类性能

(e) HMDB51上的EDH分类性能　(f) HMDB51上的AEDH分类性能

图 4.11　EDH 和 AEDH 在参数 K 和 N 的不同取值下的行为分类性能比较

图 4.12 展示了 KTH 数据库中行为低秩特征 + EDH 和行为低秩特征 + AEDH 两种方式在最佳参数($K=1.25, N=16$)下获得的混淆矩阵。混淆矩阵

是行为识别中常用的识别准确率评价方法，其中列标代表了分类器预测的行为类别，行标代表了行为数据的真实归属类别。从图 4.12 中可以看到，主要的混淆发生在“慢跑”和“跑步”之间，这是因为很多执行者在执行这两类行为时表现得非常相似，而且很难准确把握快与慢的尺度界限。经过计算，最终行为低秩特征 + EDH 取得的识别率为 96.16%，行为低秩特征 + AEDH 达到了 97.32%的识别率。

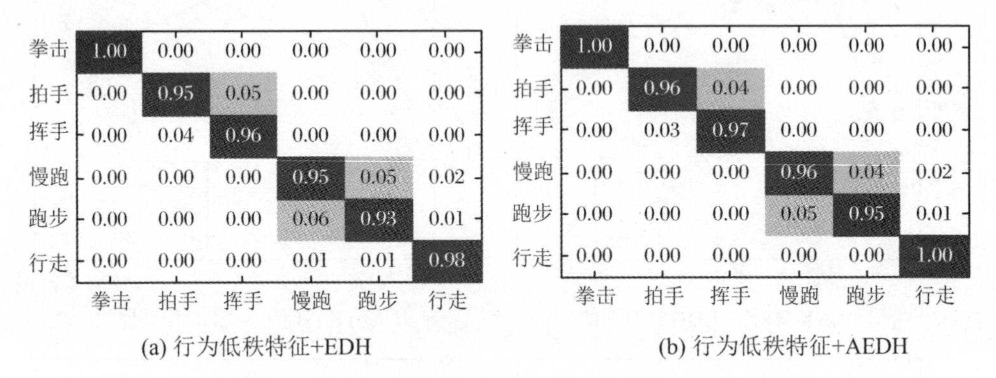

(a) 行为低秩特征+EDH　　(b) 行为低秩特征+AEDH

图 4.12　KTH 数据库上的混淆矩阵

2. UCF Sports 数据库行为识别实验

原始的 UCF Sports 数据库只有 150 个行为视频序列，同时这些行为视频间的类内差异较大。根据 Wang 等人[58]的建议，对每个行为视频序列进行水平翻转以增加数据库中样本的数目，这样就获得了共计 300 个行为视频序列。在 UCF Sports 数据库上同样采取留一法交叉验证对所构建方法进行测试。值得注意的是，这里只将每个原始视频序列（不包括该测试视频序列的翻转视频）作为测试数据，然后将剩下的其他所有视频序列（但不包括测试视频序列的翻转视频）作为训练数据，即测试视频的翻转视频既不参与训练也不参与测试。最后循环划分测试数据和训练数据，并统计出最终的行为识别率。图 4.13 展示了 UCF Sports 数据库中行为低秩特征 + EDH 和行为低秩特征 + AEDH 两种方法在最佳参数（$K=1.30$，$N=64$）下获得的混淆矩阵。从图 4.13 中可以看到，累加后的边缘分布直方图具有更好的行为识别准确率。同时在 UCF Sports 数据库中“滑板”行为容易被混淆成“跑步”和“行走”行为，这是由于某些执行者在完成“滑板”行为时从某些角度看上去与“跑步”和“行走”行为较为相似。经过计算，在该数据库上行为低秩特征 + EDH 取得的识别率为 91.33%，而行为低秩特征 + AEDH 达到了 92.67%的识别率。

3. HMDB51 数据库行为识别实验

HMDB51 数据库是一个相对比较复杂的数据库，该数据库提供了两种类型的行为视频，一是包括相机运动的原始行为视频，二是对相机运动进行补偿后的行为

	跳水	高尔夫	踢	举重	骑马	跑步	滑板	鞍马	摆动侧	行走
跳水	1.00	0.00	0.00	0.00	0.00	0.00	0.00	0.00	0.00	0.00
高尔夫	0.00	0.86	0.08	0.00	0.00	0.00	0.00	0.06	0.00	0.00
踢	0.00	0.06	0.93	0.00	0.00	0.00	0.01	0.00	0.00	0.00
举重	0.00	0.00	0.00	1.00	0.00	0.00	0.00	0.00	0.00	0.00
骑马	0.00	0.00	0.00	0.00	1.00	0.00	0.00	0.00	0.00	0.00
跑步	0.00	0.05	0.00	0.00	0.00	0.80	0.08	0.07	0.00	0.00
滑板	0.00	0.06	0.05	0.00	0.00	0.11	0.69	0.00	0.00	0.00
鞍马	0.00	0.00	0.00	0.00	0.00	0.02	0.00	0.96	0.02	0.00
摆动侧	0.00	0.05	0.00	0.00	0.00	0.00	0.00	0.03	0.92	0.00
行走	0.00	0.04	0.00	0.00	0.00	0.00	0.00	0.00	0.00	0.96

(a) 行为低秩特征+EDH

	跳水	高尔夫	踢	举重	骑马	跑步	滑板	鞍马	摆动侧	行走
跳水	1.00	0.00	0.00	0.00	0.00	0.00	0.00	0.00	0.00	0.00
高尔夫	0.00	0.88	0.07	0.00	0.05	0.00	0.00	0.00	0.00	0.00
踢	0.00	0.04	0.96	0.00	0.00	0.00	0.00	0.00	0.00	0.00
举重	0.00	0.00	0.00	1.00	0.00	0.00	0.00	0.00	0.00	0.00
骑马	0.00	0.00	0.00	0.00	1.00	0.00	0.00	0.00	0.00	0.00
跑步	0.00	0.05	0.00	0.00	0.00	0.82	0.07	0.06	0.00	0.00
滑板	0.00	0.06	0.04	0.00	0.00	0.09	0.70	0.00	0.00	0.00
鞍马	0.00	0.00	0.00	0.00	0.00	0.02	0.00	0.96	0.02	0.00
摆动侧	0.00	0.07	0.00	0.00	0.00	0.00	0.00	0.03	0.93	0.00
行走	0.00	0.02	0.00	0.00	0.00	0.00	0.00	0.00	0.00	0.98

(b) 行为低秩特征+AEDH

图 4.13　UCF Sports 数据库上的混淆矩阵

视频。本节中的实验采用的是原始行为视频数据。由于该数据库的复杂性，其作者提供了的三个已划分好的训练测试集合。即每个集合都在每类行为中抽取 70 个视频作为训练样本，共计 3570 个视频；并抽取训练视频之外的 30 个视频作为测试样本，共计 1530 个视频。最后的行为识别率为 3 次测试的平均识别率。

图 4.14 展示了 HMDB51 数据库中行为低秩特征 + EDH 和行为低秩特征 + AEDH 两种方法在最佳参数（$K=1.25, N=32$）下获得的混淆矩阵。图 4.14 所示的混淆矩阵中，对角线上的值为正确分类的百分比数值。从混淆矩阵中可以看出，两种方式在 HMDB51 数据库上能够比较正确地识别出各行为类别。经过数据统计，在该数据库上行为低秩特征 + EDH 取得的识别率为 46.52%，行为低秩特征 + AEDH 达到了 49.71%的识别率。这样的识别率相比在 KTH 和 UCF Sports

数据库上的识别率要低很多,这主要是由于 HMDB51 数据库较为复杂,其中行为

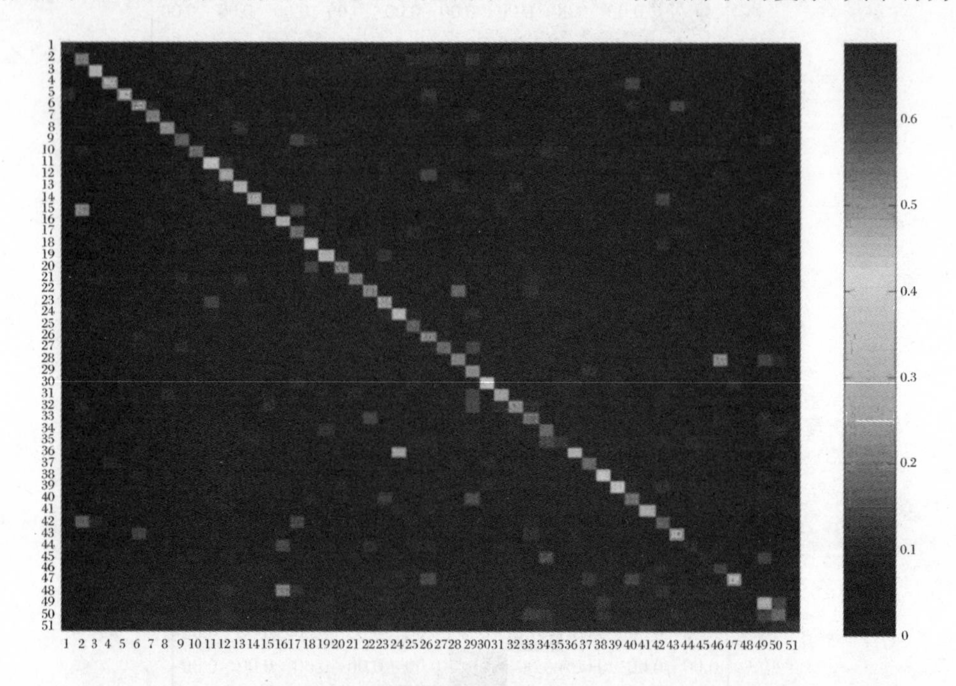

(a) 行为低秩特征+EDH

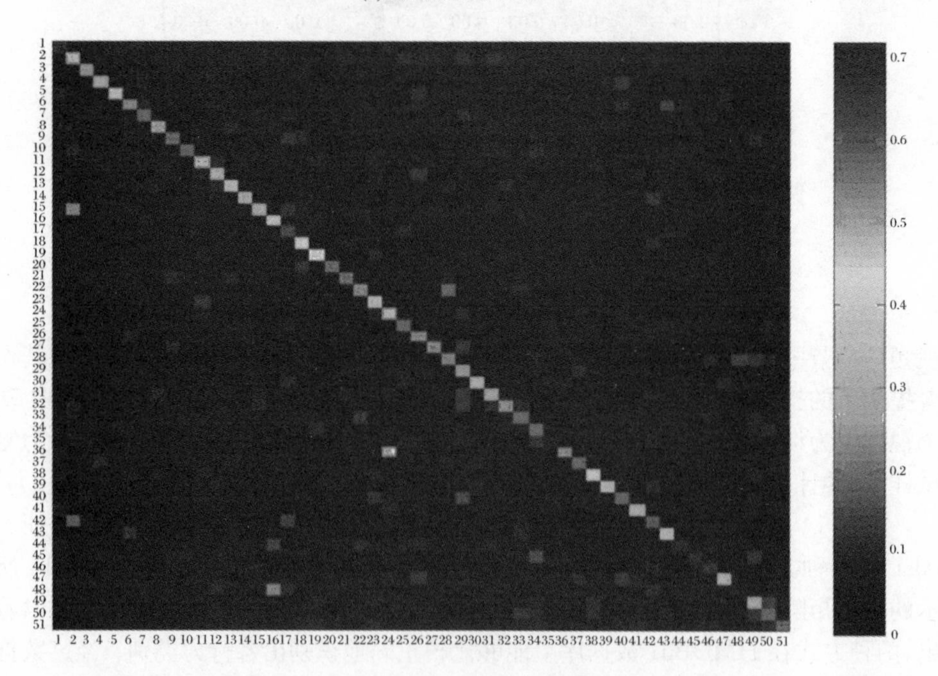

(b) 行为低秩特征+AEDH

图 4.14 HMDB51 数据库上的混淆矩阵

种类多,各行为的类间差异大。但通过与其他方法在该数据上识别性能的比较,发现本章构建方法的识别性能还是极具竞争力的,好于大部分文献中报道的识别率。关于本章方法与其他方法识别性能的对比将在下节详细讨论。

4.3.3　对比实验分析

为了更加全面地评价所构建方法的行为识别性能,进行了三组对比实验。一是比较了传统的 RPCA 规则化参数与本章确定的规则化参数的识别性能;二是比较了传统特征表达方法与本章构建的特征表达方法的识别性能;三是对比了本章构建的方法与其他行为识别方法在三个基准数据库上的识别性能。

1. 规则化参数性能评估

在第一组对比实验中,对比了 RPCA 方法中传统规则化参数 $\lambda = 1/\sqrt{\max(m,n)}$和本章确定的参数 $\lambda = K/\sqrt{m \times n}$对最终行为识别性能的影响。在图 4.6 中可以直观地看到两种规则化参数下的低秩特征提取效果。那么这两种参数在三个基准数据库上的行为识别性能具体是多少呢?表 4.1 给出了答案。在表 4.1 中,分别用两种规则化参数 λ 驱动 PRCA 提取出视频序列的行为低秩特征,然后用 AEDH 将各行为低秩特征表达为特征向量,并输入支持向量机进行分类。其在各行为数据库上的测试方式和行为识别率的计算方式与 4.3.2 节中的行为识别实验一致。如表 4.1 所示,在三个数据库上的最终行为识别率,$\lambda = K/\sqrt{m \times n}$要远好于$\lambda = 1/\sqrt{\max(m,n)}$。这一结果从行为识别率的角度印证了规则化参数 $\lambda = K/\sqrt{m \times n}$的有效性。

表 4.1　两种规则化参数 λ 在三个基准数据库上的行为识别率(%)比较

参数 λ	KTH	UCF Sports	HMDB51
$\lambda = 1/\sqrt{\max(m,n)}$	39.81	31.33	15.56
$\lambda = K/\sqrt{m \times n}$	97.32	92.67	49.71

2. 特征表达方法性能比较

在第二组对比实验中,将 EDH 和 AEDH 方法与 4 种常用的特征表达方法进行了对比。这 4 种常用的特征描述方法分别为 Hu 矩、Zernike 矩、PHOG 和 EOH。这些特征表达方法已经成功应用于很多领域,比如形状分析、目标跟踪和情感识别等。在对比实验中,除了运用不同的特征表达方法来描述行为低秩特征外,其他所有计算步骤都完全相同。最终各方法获得的行为识别率如表 4.2 所示。从表 4.2 中可以看到,本章构建的 EDH 和 AEDH 方法的行为识别率明显好于其他几种传统方法,其中 AEDH 方法在三个数据库上都取得了最好的行为识别率。这主要是由于 Hu、Zernike 和 PHOG 方法比较依赖于行为低秩特征中的灰度值及灰度值的变化,容易受到行为执行者服装灰度信息的影响;其中 PHOG 方法相比其他方法更容易捕获到低秩特征的全局信息,因而也获得了相对较好的行为识别性能。EOH 方法统计的是行为低秩特征中的边缘方向信息,这会增加各行为类的类内差异。总体来看,表 4.2 中的实验结果表明了本章提出的方法有效性。

表 4.2　不同描述方法在三个基准数据库上的识别率(%)比较

描述方法	KTH	UCF Sports	HMDB51
Hu 矩[160]	79.31	72.67	20.16
Zernike 矩[161]	85.15	79.33	25.37
PHOG[162]	93.33	86.67	36.29
EOH[163]	90.66	83.33	30.67
本章 EDH	96.16	91.33	46.52
本章 AEDH	97.32	92.67	49.71

3. 综合行为识别性能对比

在第三组对比实验中,将本章构建的方法在 3 个基准数据库上的最终行为识别性能与其他优秀的行为识别方法进行对比。表 4.3 列出了在 KTH 数据库上的对比结果。从表 4.3 中可以看到,行为低秩特征 + AEDH 达到了 97.32%的最高识别率,相比文献[75]提高了 0.99%的行为识别率。表 4.4 为在 UCF Sports 数据库上的各方法行为识别率对比结果。从表 4.4 中可以看到,行为低秩特征 + AEDH 的行为识别率为 92.67%,相比文献[75]提高了 0.67%。表 4.5 列出了在 HMDB51 数据库上的对比结果。从表 4.5 中可以看到,行为低秩特征 + AEDH 取得了第二好的行为识别率,为 49.71%,除了低于文献[65]报道的 57.2%,均高于其他行为识别方法。文献[65]通过稠密地计算人体的运动轨迹来提取行为信息,并取得了目前在 HMDB51 数据库上最好的识别率,但该类方法的计算量将随着行为复杂度的增加而急剧增加。相比稠密轨迹方法,行为低秩特征及累计边缘直方图的计算更加简便。其实行为低秩特征的边缘信息也反映出了一定的人体运动轨迹,这在一定程度上类似于行为的稠密轨迹方法,在图 4.10 中可以较为直观地观察到这一现象。总体来说,行为低秩特征 + AEDH 的方法取得了最好的行为识别性能。

表 4.3　不同方法在 KTH 数据库上的性能比较

方　法	识别率(%)
Wang 方法[58]	92.1
Kovashka 方法[19]	94.53
Wu 方法[37]	94.5
Liu 方法[9]	92.3
Zhao 方法[38]	92.12
Yuan 方法[53]	95.49
Li 方法[75]	96.33
Yu 方法[62]	96.3
Han 方法[48]	95.17
Zhang 方法[8]	95.98
本章 EDH 方法	96.16
本章 AEDH 方法	97.32

表 4.4　不同方法在 UCF Sports 数据库上的性能比较

方　法	识别率(%)
Wang 方法[58]	85.6
Kovashka 方法[19]	87.27
Wang 方法[63]	88.2
Zhang 方法[39]	87.33
Yuan 方法[53]	87.33
Wang 方法[40]	90
Li 方法[75]	92
Sheng 方法[10]	87.33
本章 EDH 方法	91.33
本章 AEDH 方法	92.67

表 4.5 不同方法在 HMDB51 数据库上的性能比较

方　法	识别率(%)
Kuehne 方法[15]	22.83
Kliper-Gross 方法[21]	29.2
Jiang 方法[64]	40.7
Liu 方法[17]	49.3
Wang 方法[65]	57.2
Li 方法[75]	29.6
Wu 方法[23]	47.1
Li 方法[166]	39.04
本章 EDH 方法	46.52
本章 AEDH 方法	49.71

本 章 小 结

本章首先分析了现有人体行为特征提取方法的特点和不足，然后从数据学习的角度对视频序列中人体行为特征的提取进行了研究和探索，并构建了运用行为低秩特征提取视频序列中行为信息的方法。相比传统行为特征，行为低秩特征在能有效提取出行为视频序列中的人体行为信息的同时，提取方式更加简洁，有效地避免了传统行为特征所需的人体目标检测、分割、跟踪或兴趣点检测等预处理步骤。行为低秩特征作为一种新的人体行为特征，对促进人体行为识别技术的广泛应用具有重要的参考价值。

在得到视频序列的行为低秩特征后，探讨了低秩行为特征的边缘分布直方图表达，并引申出了对旋转和平移更具鲁棒性的累加边缘分布直方图。在实验部分，于 3 个具有代表性的基准数据库 KTH、UCF Sports 和 HMDB51 上验证了基于行为低秩特征和累加边缘分布直方图的行为识别方法的行为识别性能，并将构建的方法与其他优秀的行为识别方法进行了对比。实验结果表明，本章构建的方法具有较好的行为识别性能。

第5章 基于行为低秩特征中判别部件学习的人体行为识别

5.1 引　　言

第4章运用行为低秩特征很好地捕获了视频序列中的人体行为信息，并构建了累加边缘分布直方图，有效地表达了行为低秩特征。然而，真实环境中人体行为的背景信息往往比较复杂，比如 UCF Sports 和 HMDB51 数据库中的行为视频都来自生活场景，其中人体行为的背景信息相对 KTH 数据库更加复杂多变。面对复杂的行为背景，行为低秩特征中难免会残留部分行为背景信息，这一现象从图4.7和图4.8中可以看到。累加边缘分布直方图统计的是行为低秩特征的全局信息，因此，残留在行为低秩特征中的背景信息也会被统计在内。对残留背景信息的统计会影响最终的行为识别准确率，这也是 UCF Sports 和 HMDB51 数据库，特别是 HMDB51 数据库上的行为识别率相对较低的原因。本章将针对如何增强行为低秩特征的抗背景干扰能力进行研究，以进一步提高行为低秩特征的识别性能，特别是在复杂行为数据库上的识别性能。

近年来，基于部件学习的特征表达方法受到了人们的广泛关注。基于部件学习的方法是一种局部的特征表达方法，按照部件是否具有语义，可将其分为语义部件法和判别部件法。基于语义部件的方法中，部件指的是人类可以直接理解的语义物体（如箱子、杯子和人体）或动作（如弯腰、挥手）。如 Gupta 等人[142]首先检测棒球运动中语义动作，然后用与或结构建立“故事情节”动作描述。Wang 等人[143]对每一帧应用部件检测器，形成每帧的特征表达，然后采用隐马尔可夫模型对部件序列的时间关系进行建模。基于语义部件的方法首先需要概率检测这些语义部件，然后用贝叶斯网络等模型对这些语义部件建模，形成更高级的语义。近年来在物体检测、行为识别等领域的研究表明，当前检测语义部件的计算模型鲁棒性较差，还不足以作为行为视频分析的基础，难以应对复杂背景下的行为识别任务。

基于判别部件方法中的部件是指能够有效区分不同行为的块区域，这些块区域可能包含人体的某一部分或者整个人体，又或者是一个语义物体。基于判别部件的方法通常是基于隐支持向量机的理论进行建模，相比基于语义部件的方法更适合分类任务。该类方法已在图像分类领域取得了一些成果，如 Fitzgibbon 等人[139]提出的判别部件学习法，在大量图像的部件中通过判别式学习找出最具有判别力的部件，并在场景分类任务中对比了基于词袋法、空间金字塔法、Object Bank 法[140]以及场景可变形部件模型(scene deformable part model)[141]表示方法，取得了更好的效果。基于这个思路，一些研究人员提出了基于判别部件学习的行为识别方法。如 Xie 等人[143]采用变形部件模型对每一帧中的人体目标进行建模，所有帧通过采用投票法得到最终的行为识别结果。Sapienza 等人[145]采用多实例学习(multiple instance learning)从弱监督视频中学习判别部件。Wang 等人[146]利用聚类算法和贪心搜索法学习具有判别力的部件，并提出用类间方差与类内方差的比值作为依据对检测的判别部件进行排序。Zhang 等人[147]和 Jain 等人[148]均采用判别聚类法学习初始的判别部件。图 5.1 展示了简单的判别部件示意图，即图中所示的蹦床运动和排球运动，均含有“跳”这个动作以及非常相似的背景信息，此时只采用深色框区域的行为信息难以有效区分开这两类行为，若通过搜寻两类行为中具有判别性的部件，如图中的浅色框区域，便可有效地区分这两类行为。

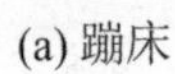

(a) 蹦床　　(b) 打排球

图 5.1　判别部件示意图

在基于判别部件学习的行为识别方法中，多是直接从原始图像帧或视频序列中学习具有判别力的部件，最后用于行为分类的通常为一个或多个固定数目的判别部件。这样的判别部件学习方法存在两个方面的问题。第一个方面的问题是，直接从原始图像帧或视频序列中学习判别部件可能会产生“背景记忆”问题，即可能会导致将行为背景检测为判别部件。若单从分类角度来看，的确存在有些背景信息具有判别力，将这些行为背景检测为判别部件或许是有利于行为分类的。但是行为识别的最终目的是要面向复杂、多变的现实生活中的行为场景，即使是同一人的同一个行为的背景信息也可能在不断变化。行为识别的本质应该是捕获行为信息，并进行识别。这就要求识别方法是从行为信息本身而不是通过背景信息来识别人体行为，只有从行为信息本身对人体行为进行建模的方法才能适应更加广泛的应用场景。第二个方面的问题的是,不同行为类别的识别难易程度存在差异,即使是同一个行为数据库中的行为视频也存在不同的识别难易程度。在现实生活中,人们在观察识别周围发生的行为时,对于简单的行为往往可以很轻易地将其识别;而对于复杂的行为,往往需要从更多的角度思考,需要找出更多的行为特征才能将其识别。在计算机视觉领域中的行为识别也具有类似的特性,对于简单的行为,可能只需少量的判别部件就能将其识别,而对于比较复杂的行为视频,往往需要更多的判别部件才能将其识别。传统方法对所有的行为视频使用相同数目的判别部件的方法,忽略了各行为视频识别难易程度的差异,不利于更加有效和鲁棒地识别人体行为。

研究发现,行为低秩特征与基于判别部件的特征表达方法两者之间具有很强的互补性。互补性表现在两个方面:一是从行为低秩特征中学习判别部件,将有利于增强行为低秩特征抗背景干扰的能力。二是行为低秩特征在捕获行为信息的同时已去除了大量背景信息,从行为低秩特征中学习判别部件,将极大程度地克服传统部件学习中"背景记忆"问题。鉴于行为低秩特征与基于判别部件的特征表达方法的互补性,本章构建了基于行为低秩特征中判别部件学习的行为识别方法。该方法有效地融合了行为低秩特征与判别部件学习方法各自的优点,并针对当前判别部件学习方法存在的不足,构建了针对各行为类别提取灵活数量判别部件的学习模型,该模型充分考虑了各行为类别在识别难易程度上的差异。在KTH、UCF Sports和HMDB51三个基准行为数据库上的实验结果表明,构建的基于行为低秩特征中判别部件学习的行为识别方法,具有更好的识别效果。

5.2 方法概述

正如5.1节中所述,基于行为低秩特征与判别部件学习方法的互补性,本章构建了基于行为低秩特征中判别部件学习的行为识别方法。同时针对当前判别部件学习中存在的问题,对判别部件学习方法进行了深入研究,构建了灵活数量判别部件检测器学习(discriminative part detectors with flexible number learing, DPDFNL)模型,用以检测行为低秩特征中的判别部件。最后定义了相应的行为识别准则用于最终的行为分类。

图5.2展示了本章构建方法的流程图。如图5.2所示,首先对视频序列进行行为低秩特征提取,然后对行为低秩特征进行稠密采样,再用本章构建的DPDFNL模型针对不同行为类别学习具有灵活数量的判别部件检测器,最后根据构建的行为识别准则运用学习到的部件检测器对行为序列进行分类,并给出相应的行为识别结果。

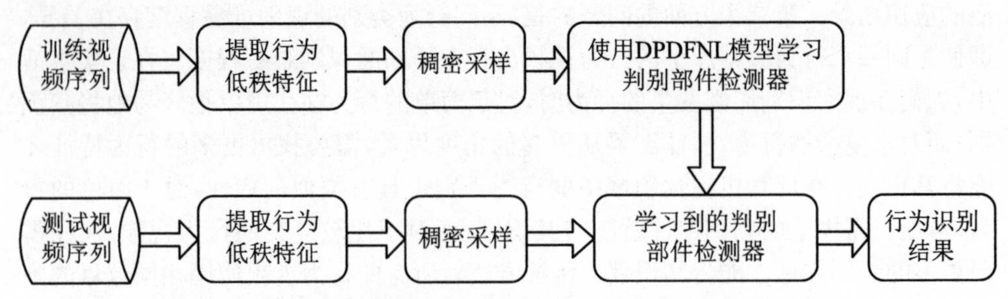

图 5.2　基于行为低秩特征中判别部件学习的行为识别方法流程图

5.2.1　行为低秩特征的稠密采样

在获得各视频序列的行为低秩特征后，对其进行多尺度的稠密采样。在稠密采样时，每个部件区域为正方形。关于采样部件的最大、最小尺寸以及部件间的覆盖率将在具体实验中给出。图 5.3 展示了在行为低秩特征上进行稠密采样的示意图。图中的行为是 KTH 数据库中“挥手”行为和“慢跑”行为。

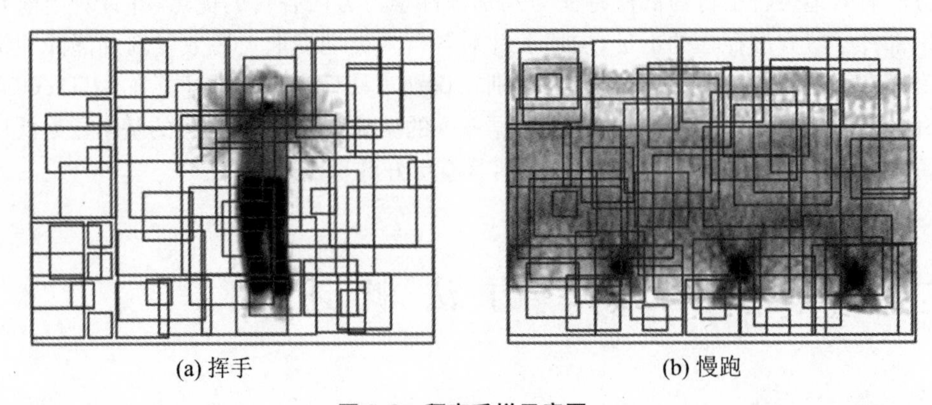

(a) 挥手　　(b) 慢跑

图 5.3　稠密采样示意图

采样得到的每个部件将被 AEDH 描述算子表达为一个特征向量。然后所有部件的特征向量将被归一化为幅度在[0,1]之间且长度相同的新的特征向量。由于在众多采样得到的部件中，判别部件的位置是未知且不可见的，同时借鉴隐支持向量机的思想，也将判别部件表示为一个隐向量 $\boldsymbol{h}$，这里 $\boldsymbol{h}$ 为一个特征矩阵，表示一个低秩特征中所有采样部件的特征向量。假设一个行为视频的低秩特征通过稠密采样共采得 p 个部件，则这个视频的隐变量可以表示为 $\boldsymbol{h}=\{\boldsymbol{h}_i\}_{i=1}^{p}$，这里，$\boldsymbol{h}_i$ 表示其中某一个部件归一化后的特征向量。

为了更加完整地表达每个行为视频序列，同时也为了方便后续的计算，将每个视频的数据信息和类别信息也整合到隐变量 $\boldsymbol{h}$ 中。假设给定一个包含 n 个视频的数据集 $X=\{x_i\}_{i=1}^{n}$，其行为类标为 $Y=\{y_i\}_{i=1}^{n}$，其中，x_i 为数据集 X 中的第 i

个视频，y_i 为其类别标记，则每个视频可最终表达为 $\boldsymbol{\phi}(x_i, y_i, \boldsymbol{h})$。

5.2.2　行为低秩特征中的判别部件学习

如前所述，具有判别力的部件是不可见的，这就需要通过判别部件检测器将其检测出来。传统的判别部件检测器学习模型往往针对所有行为类别都学习相同数量的检测器，这忽略了不同行为类别在识别难易程度上的差异。本节构建了针对不同行为类别学习灵活数量的判别部件检测器的 DPDFNL 模型。

为了学习到灵活数量的判别部件检测器，首先定义一组部件检测器 $\boldsymbol{D}$：

$$\boldsymbol{D} = \begin{pmatrix} \boldsymbol{d}_{1,1} & \boldsymbol{d}_{1,2} & \cdots & \boldsymbol{d}_{1,K} \\ \boldsymbol{d}_{2,1} & \boldsymbol{d}_{2,2} & \cdots & \boldsymbol{d}_{2,K} \\ \vdots & \vdots & & \vdots \\ \boldsymbol{d}_{C,1} & \boldsymbol{d}_{C,2} & \cdots & \boldsymbol{d}_{C,K} \end{pmatrix} \tag{5.1}$$

其中，C 表示所有行为的类别数，K 为每类行为的初始部件检测器数目。假设第 c 类行为中具有判别力的部件检测器数量为 k_c，则 $k_c \leqslant K$。$\boldsymbol{d}_c$ 为第 c 类的所有部件检测器，则 $\boldsymbol{d}_{c,k}$ 为其中第 k 个检测器，$\boldsymbol{d}_{c,k}$ 是一个长度与 $\boldsymbol{h}_i$ 相同的向量。在部件检测器学习之前需要对 $\boldsymbol{D}$ 进行初始化，具体是运用 K 均值方法将每类行为的经稠密采样得到的部件特征向量聚类为 K 个中心，然后将这 K 个聚类中心初始化为相应行为类的部件检测器 $\boldsymbol{d}_c$。将部件检测器 $\boldsymbol{d}_{c,k}$ 与行为视频 x_i 的部件间的响应定义为

$$\boldsymbol{f}_{\boldsymbol{d}_{c,k}}(x_i, y) = \max_{\boldsymbol{h}} \boldsymbol{d}_{c,k}^{\mathrm{T}} \boldsymbol{\phi}(x_i, y_i, \boldsymbol{h}) \tag{5.2}$$

基于上述定义，灵活数量的判别部件检测器学习模型可定义为

$$\begin{aligned} \boldsymbol{D}^* &= \arg\min_{\boldsymbol{D}} \frac{1}{N} \sum_{i=1}^{N} \sum_{k=1}^{K} \xi_i^k + \frac{\eta}{2} O(\boldsymbol{D}) + \lambda g(\boldsymbol{D}) \\ \text{s.t.} \quad & \max_{\boldsymbol{h}} \boldsymbol{d}_{y_i,k}^{\mathrm{T}} \boldsymbol{\phi}(x_i, y_i, \boldsymbol{h}) - \max_{\boldsymbol{h}} \boldsymbol{d}_{y,m}^{\mathrm{T}} \boldsymbol{\phi}(x_i, y, \boldsymbol{h}) \geqslant \Delta(y_i, y) - \xi_i^k \\ & \xi_i^k \geqslant 0, \forall i, y, k, m \end{aligned} \tag{5.3}$$

其中，N 表示所有训练样本的数目，$m = 1, 2, \cdots, K$ 表示第 y 类行为中的部件检测器的索引号。$O(\boldsymbol{D})$为正交约束，$g(\boldsymbol{D})$为组稀疏正则化算子。参数 η 和 λ 分别为 $O(\boldsymbol{D})$和 $g(\boldsymbol{D})$的权重系数。$\Delta(y_i, y)$为损失函数，它度量了真实类标 y_i 与预测类标 y 之间的误差，本章中将 $\Delta(y_i, y)$设置为 0-1 损失函数。式(5.3)中的正交约束 $O(\boldsymbol{D})$被定义为

$$O(\boldsymbol{D}) = \sum_{c=1}^{C} \sum_{k=1}^{K} \sum_{j \neq k}^{K} \| \boldsymbol{d}_{c,k}^{\mathrm{T}} \boldsymbol{d}_{c,j} \|_2^2 \tag{5.4}$$

$O(\boldsymbol{D})$有效控制了部件检测器之间的差异，避免了冗余检测器的产生。组稀疏正则化算子定义为

$$g(\boldsymbol{D}) = \sum_{c=1}^{C}\sum_{k=1}^{K}\|\boldsymbol{d}_{c,k}\|_2 \tag{5.5}$$

在部件检测器学习中 $g(\boldsymbol{D})$会迫使模型选择具有判别力的检测器，而不具备判别力的检测器将被弃用。

在检测判别部件时，检测到的判别部件在同一行为类别的低秩特征中应该具有较高的重复率和相似性，而在不同类别的行为低秩特征中应具有很大的差异。为了达到这一目的，分别定义了判别部件类内相似性约束 S_1：

$$\begin{aligned} S_1 &= \sum_i\sum_j\sum_k S(\boldsymbol{f}_{d_{y_i,k}}(x_i,y_i),\boldsymbol{f}_{d_{y_i,k}}(x_j,y_i)) \\ &= \sum_i\sum_j\sum_k -\|\boldsymbol{f}_{d_{y_i,k}}(x_i,y_i)-\boldsymbol{f}_{d_{y_i,k}}(x_j,y_i)\|_2^2 \end{aligned} \tag{5.6}$$

和判别部件类间相似性约束 S_2：

$$\begin{aligned} S_2 &= \sum_i\sum_j\sum_k S(\boldsymbol{f}_{d_{y_i,k}}(x_i,y_i),\boldsymbol{f}_{d_{y_i,k}}(x_j,y_j)) \\ &= \sum_i\sum_j\sum_k \|\boldsymbol{f}_{d_{y_i,k}}(x_i,y_i)-\boldsymbol{f}_{d_{y_i,k}}(x_j,y_j)\|_2^2, \quad \forall y_i \in Y\backslash y_j \end{aligned} \tag{5.7}$$

来约束类内判别部件和类间判别部件。并定义最终的相似性约束为

$$S = S_1 + S_2 \tag{5.8}$$

在式(5.8)的相似性约束下，假设给定一个部件检测器 $\boldsymbol{D}$，则视频序列的判别部件隐变量 $\boldsymbol{h}$ 可计算为

$$\boldsymbol{h}^*_{x_i,y_i} = \arg\max_{\boldsymbol{h}}(\boldsymbol{d}^{\mathrm{T}}_{y_i,k}\boldsymbol{\phi}(x_i,y_i,\boldsymbol{h}) + \alpha S), \quad \forall k \tag{4.9}$$

以上即为构建的 DPDFNL 模型的全部定义，在下一节将介绍该模型的求解过程。

5.2.3 模型求解方法

在 DPDFNL 模型中，判别部件检测器 $\boldsymbol{D}$ 与判别部件隐向量 $\boldsymbol{h}$ 之间是相互关联，相互影响的。因此采用了交替最优化这两个变量的方法来求解 DPDFNL 模型，即在优化部件检测器 $\boldsymbol{D}$ 时将隐向量 $\boldsymbol{h}$ 固定，在优化隐向量 $\boldsymbol{h}$ 时将检测器 $\boldsymbol{D}$ 固定，并且不断重复这两个优化过程直到获得最优的检测器 $\boldsymbol{D}$ 和部件隐向量 $\boldsymbol{h}$。

在最优化部件检测器 $\boldsymbol{D}$ 时，首先对 $\boldsymbol{D}$ 进行初始化；然后逐个优化并更新部件检测器 $\boldsymbol{d}_{c,k}$，此时所有部件隐向量 $\boldsymbol{h}$ 及其余部件检测器将被固定。单个判别部件检测器 $\boldsymbol{d}_{c,k}$ 的最优化目标函数可根据公式(5.3)改写为

$$\begin{aligned} &\boldsymbol{d}^*_{c,k} = \arg\max_{d_{c,k}} \frac{1}{N}\sum_{i=1}^{N}\xi_i + \frac{\eta}{2}\sum_{j\neq k}\|\boldsymbol{d}^{\mathrm{T}}_{c,k}\boldsymbol{d}_{c,j}\|_2^2 + \lambda\|\boldsymbol{d}_{c,k}\|_2 \\ &\text{s.t.} \quad \max_{\boldsymbol{h}}\boldsymbol{d}^{\mathrm{T}}_{y_i,k}\boldsymbol{\phi}(x_i,y_i,\boldsymbol{h}) - \max_{\boldsymbol{h}}\boldsymbol{d}^{\mathrm{T}}_{y,m}\boldsymbol{\phi}(x_i,y,\boldsymbol{h}) \geqslant 1-\xi_i \\ &\qquad \xi_i \geqslant 0, \forall i,k,m,y \in Y\backslash y_i \end{aligned} \tag{5.10}$$

从公式(5.10)中可以看到，对于每个行为视频序列 x_i，共有 $K(C-1)$个线性

约束。对于类别标签 $y_i=c$ 的视频序列来说,公式(5.10)中的约束可重写为

$$\xi_i \geqslant [1+\max_{\boldsymbol{h}} \boldsymbol{d}_{y,m}^{\mathrm{T}} \boldsymbol{\phi}(x_i, y, \boldsymbol{h})-\max_{\boldsymbol{h}} \boldsymbol{d}_{c,k}^{\mathrm{T}} \boldsymbol{\phi}(x_i, y_i, \boldsymbol{h})]_+, \quad \forall y \in Y \backslash y_i, m \tag{5.11}$$

其中,$[\cdot]_+$ 表示 $\max(\cdot, 0)$。由于 $\boldsymbol{d}_{c,k}$ 之外的判别部件检测器都已经被固定,因此,$\max_{\boldsymbol{h}} \boldsymbol{d}_{y,m}^{\mathrm{T}} \boldsymbol{\phi}(x_i, y, \boldsymbol{h})$ 的值为常数。然后公式(5.11)可以等效为

$$\xi_i \geqslant [1,+\max_{y,m} \max_{\boldsymbol{h}} \boldsymbol{d}_{y,m}^{\mathrm{T}} \boldsymbol{\phi}(x_i, y, \boldsymbol{h})-\max_{\boldsymbol{h}} \boldsymbol{d}_{c,k}^{\mathrm{T}} \boldsymbol{\phi}(x_i, y_i, \boldsymbol{h})]_+ \quad \forall y \in Y \backslash y_i, m \tag{5.12}$$

对于类别标签 $y_i \neq c$ 的视频序列来说,公式(5.10)中的约束可重写为

$$\xi_i \geqslant [1+\max_{\boldsymbol{h}} \boldsymbol{d}_{c,k}^{\mathrm{T}} \boldsymbol{\phi}(x_i, c, \boldsymbol{h})-\max_{\boldsymbol{h}} \boldsymbol{d}_{y_i,m}^{\mathrm{T}} \boldsymbol{\phi}(x_i, y_i, \boldsymbol{h})]_+, \quad \forall m \tag{5.13}$$

此时,由于 $\max_{\boldsymbol{h}} \boldsymbol{d}_{y_i,m}^{\mathrm{T}} \boldsymbol{\phi}(x_i, y_i, \boldsymbol{h})$ 为一常数,因此,公式(5.13)可等效为

$$\xi_i \geqslant [1+\max_{\boldsymbol{h}} \boldsymbol{d}_{c,k}^{\mathrm{T}} \boldsymbol{\phi}(x_i, c, \boldsymbol{h})-\min_{m} \max_{\boldsymbol{h}} \boldsymbol{d}_{y_i,m}^{\mathrm{T}} \boldsymbol{\phi}(x_i, y_i, \boldsymbol{h})]_+, \quad \forall m \tag{5.14}$$

最初公式(5.10)中的约束经过公式(5.12)和(5.14)的分解简化后,每个视频序列的 $K(C-1)$ 个约束最终变为了一个约束。对 N 个训练视频来说,则共有 N 个线性约束。进一步定义以下两个变量 σ 和 ω:

$$\sigma=1+\max_{y,m} \max_{\boldsymbol{h}} \boldsymbol{d}_{y,m}^{\mathrm{T}} \boldsymbol{\phi}(x_i, y, \boldsymbol{h})-\max_{\boldsymbol{h}} \boldsymbol{d}_{c,k}^{\mathrm{T}} \boldsymbol{\phi}(x_i, y_i, \boldsymbol{h}) \tag{5.15}$$

和

$$\omega=1+\max_{\boldsymbol{h}} \boldsymbol{d}_{c,k}^{\mathrm{T}} \boldsymbol{\phi}(x_i, c, \boldsymbol{h})-\min_{m} \max_{\boldsymbol{h}} \boldsymbol{d}_{y_i,m}^{\mathrm{T}} \boldsymbol{\phi}(x_i, y_i, \boldsymbol{h}) \tag{5.16}$$

然后,更新部件检测器 $\boldsymbol{d}_{c,k}$ 的目标函数(5.10),可重写为

$$\boldsymbol{d}_{c,k}^{*}=\arg \min_{\boldsymbol{d}_{c,k}} f(\boldsymbol{d}_{c,k})+\lambda\|\boldsymbol{d}_{c,k}\|_2 \tag{5.17}$$

其中

$$f(\boldsymbol{d}_{c,k})=\frac{1}{N}\Big(\sum_{y_i=c}[\sigma]_{+}+\sum_{y_i \neq c}[\omega]_{+}\Big)+\frac{\eta}{2} \sum_{j \neq k}\|\boldsymbol{d}_{c,k}^{\mathrm{T}} \boldsymbol{d}_{c,j}\|_2^2 \tag{5.18}$$

目标函数(5.17)为一个带有 l_2 范数正则化的最优化问题。由于传统的梯度下降法优化效率太低,本章采用一种快速的近似算法 FOBOS[151]。FOBOS 很适合求解包含正则化的最优化问题,根据该方法的思想,首先将最优化问题定义为 $\boldsymbol{f}(\boldsymbol{\theta})+\boldsymbol{r}(\boldsymbol{\theta})$ 的形式,其中,$\boldsymbol{r}(\boldsymbol{\theta})$ 为正则化项,然后最优化问题分解为 2 个步骤:

$$\begin{cases}\boldsymbol{\theta}_{t+\frac{1}{2}}=\boldsymbol{\omega}_t-\eta_t \nabla \boldsymbol{f}(\boldsymbol{\theta}_t) \\ \boldsymbol{\theta}_{t+1}=\arg \min_{\boldsymbol{\theta}}\left\{\frac{1}{2}\|\boldsymbol{\theta}-\boldsymbol{\theta}_{t+\frac{1}{2}}\|^2+\eta_{t+\frac{1}{2}} \boldsymbol{r}(\boldsymbol{\theta})\right\}\end{cases} \tag{5.19}$$

则单个部件检测器 $\boldsymbol{d}_{c,k}$ 最终的更新方式如下:

$$\boldsymbol{d}_{c,k}^{*}=\frac{\boldsymbol{u}}{\|\boldsymbol{u}\|_2}[\|\boldsymbol{u}\|_2-\lambda \rho]_+ \tag{5.20}$$

其中,ρ 为步长,$\boldsymbol{u}$ 定义为

$$u = \boldsymbol{d}_{c,k} - \rho \frac{\partial f}{\partial \boldsymbol{d}_{c,k}} \tag{5.21}$$

其中，$\frac{\partial f}{\partial \boldsymbol{d}_{c,k}}$计算如下：

$$\frac{\partial f}{\partial \boldsymbol{d}_{c,k}} = \frac{1}{N}\Big(\sum_{y_i = c,\sigma>0} - \boldsymbol{\phi}(x_i, y_i, \boldsymbol{h}) + \sum_{y_i \neq c,\omega>0} \boldsymbol{\phi}(x_i, c, \boldsymbol{h})\Big) + \eta \sum_{j\neq k} \boldsymbol{d}_{c,j}\boldsymbol{d}_{c,j}^{\mathrm{T}}\boldsymbol{d}_{c,k} \tag{5.22}$$

更新完单个部件检测器 $\boldsymbol{d}_{c,k}$后，可逐个循环更新完 $\boldsymbol{D}$。单次优化更新部件检测器 $\boldsymbol{D}$ 的计算流程可归纳为算法 5.1。

更新完判别部件检测器 $\boldsymbol{D}$ 后，将其固定以更新部件隐向量 $\boldsymbol{h}$，计算流程如算法 5.2 所示。

在算法 5.1 和算法 5.2 的基础上，本章构建的行为低秩特征中判别部件学习方法的整个计算流程可归纳为算法 5.3。在算法 5.3 中定义了两个循环终止准则，即当判别部件检测器 $\boldsymbol{D}$ 的变化小于阈值 ε，或达到最大迭代次数 P 时终止循环。

在整个行为低秩特征中判别部件的学习中，不具判别力的部件检测器将被组稀疏正则化算子及公式(5.20)置零，而具有判别力的部件检测器将被保留以参与后续的行为分类运算。为方便后续计算，对各行为类保留下来的判别部件检测器个数进行统计(以 k_c 表示第 c 个行为类中被保留下的判别部件检测器数目)，并根据判别部件检测器与部件隐向量的响应分数对部件检测器进行重新排序。部件检测器与部件隐向量的响应分数定义为

$$score(\boldsymbol{d}_{c,k}) = \sum_i \max_{\boldsymbol{h}} \boldsymbol{d}_{c,k}^{\mathrm{T}} \boldsymbol{\phi}(x_i, c, \boldsymbol{h}) \tag{5.23}$$

算法 5.1：优化更新判别部件检测器 $\boldsymbol{D}$

输入：所有隐变量 $\boldsymbol{h}$，现有部件检测器 $\boldsymbol{D}^{\mathrm{old}}$ 及数量 K，行为类别数 C，参数 ρ, η, λ
输出：更新完的部件检测器 $\boldsymbol{D}^{\mathrm{new}}$

1. for $c = 1$ to C do
2. for $k = 1$ to K do
3. 根据公式(5.22)计算$\frac{\partial f}{\partial \boldsymbol{d}_{c,k}}$
4. 根据公式(5.21)计算 $\boldsymbol{u}$
5. 根据公式(5.20)更新 $\boldsymbol{d}_{c,k}$
6. end for
7. end for

算法 5.2:优化更新判别部件隐向量 $\boldsymbol{h}$

输入:判别部件检测器 $\boldsymbol{D}$,现有隐变量 $\boldsymbol{h}^{\text{old}}$,参数 α,训练样本数目 N
输出:更新完的部件隐向量 $\boldsymbol{h}^{\text{new}}$
1. for $i=1$ to N do
2. 根据公式(5.8)计算相似性约束 S
3. 根据公式(5.9)更新 h_{x_i,y_i}
4. end for

算法 5.3:行为低秩特征中的判别部件学习方法

输入:训练样本$(x_i,y_i)\subset X\times Y$,参数 η,λ 和 α,阈值 ε,最大迭代次数 P
输出:判别部件检测器 $\boldsymbol{D}$,和判别部件隐向量 $\boldsymbol{h}$
1. 提取各训练样本的行为低秩特征
2. 对各行为低秩特征进行稠密采样
3. 初始化判别部件检测器 $\boldsymbol{D}$
4. for $p=1$ to P do
5. 根据算法 5.1 更新判别部件检测器 $\boldsymbol{D}$
6. 根据算法 5.2 更新判别部件隐向量 $\boldsymbol{h}$
7. if $\|\boldsymbol{D}^{\text{new}}-\boldsymbol{D}^{\text{old}}\|\leqslant\varepsilon$ or $p==P$ then
8. return $\boldsymbol{D}$
9. end if
10. end for

5.2.4 行为分类准则

假设给定 T 个测试视频序列,x_t 表示其中第 t 个视频序列,y_t 表示 x_t 的真实类别。首先提取所有测试视频序列的行为低秩特征 $\boldsymbol{L}=\{l_{x_t,y_t}\}_{t=1}^{\mathrm{T}}$,然后对每个视频序列的低秩特征 l_{x_t,y_t} 进行稠密采样,并将该视频序列最终表达为 $\boldsymbol{\phi}(x_t,y_t,\boldsymbol{h})$。最后定义如下行为分类准则对给定的测试视频序列进行行为分类。

$$identity(x_t)=\arg\max_{y}\left(\frac{1}{k_y}\sum_{k=1}^{k_y}\max_{\boldsymbol{h}}\boldsymbol{d}_{y,k}^{\mathrm{T}}\boldsymbol{\phi}(x_t,y_t,\boldsymbol{h})\right),\quad\forall k_y\leqslant K \tag{5.24}$$

其中,k_y 表示第 y 类学习到的判别部件检测器数目。通过公式(5.24)便可以为测试视频 x_t 分配类标 y,再通过统计预测类标 y 与真实类标 y_t 之间的差异便可以统计出最终的行为识别率。

5.3 实验与分析

为了验证本章构建方法的有效性，在三个具有代表性的基准数据库 KTH、UCF Sports 和 HMDB51 上进行了实验分析，并与当前一些优秀的行为识别方法进行了对比。

5.3.1 实验设计

在行为低秩特征的稠密采样阶段，更高的采样密度可以获得更加丰富的采样信息，但同时也会导致更高的计算复杂度。为在这两个方面的取得平衡，经过大量的实验统计，将采样部件区域尺寸设置为 6 个尺度($1,\sqrt{2},2,2\sqrt{2},4,8$)，即在采样部件的长宽尺寸方面，最大部件是最小部件的 8 倍。其中最小部件的尺寸设置为 32×32，最大部件尺寸为 256×256。在具体实验中，如果采样部件的最大尺寸超过了视频序列低秩图像的尺寸，则采样部件的最大尺寸自动设置为该视频序列的低秩图像尺寸。采样部件之间的覆盖率设置为 0.5。在用 AEDH 描述算子对每个采样部件进行表达时，AEDH 中的参数 N 设置为 0.1 倍采样部件的长宽尺寸。经 AEDH 表达后获得的部件特征向量，为方便后续行为分类计算，统一归一化为 1000 维的幅度在[0,1]范围的特征向量。然后将这些特征向量用 K 均值算法聚为 100 类，并将其中的 100 个聚类中心作为相应行为类判别部件检测器 $\boldsymbol{D}$ 的初始值(即 $K=100$)。

在更新判别部件检测器 $\boldsymbol{D}$ 时，在三个基准数据库上，步长 ρ 可统一设置为 0.5，参数 η 可统一设置为 0.1。参数 λ 在三个数据库上的最佳取值不尽相同，需要单独设置，关于参数 λ 的设置将在随后介绍。在算法 5.3 的求解过程中，在三个基准数据库上，阈值 ε 可统一设置为 0.01，最大迭代次数统一设置为 20 次。

此时，还剩下参数 λ 和更新部件隐向量 $\boldsymbol{h}$ 时的参数 α 需要确定。由于这两个参数在三个数据库上的最佳取值存在差异，本章采用网格搜索及交叉验证的方法寻找这两个参数在不同数据库上的最佳取值。经过大量实验，观察到参数 λ 和 α 的大致范围分别是[0.1, 0.3]和[0.1, 0.5]。为了使用不同的 λ 和 α 建立起一个二维网格，将 λ 和 α 分别在[0.1, 0.3]和[0.1, 0.5]进行采样，采样间隔为0.05。然后利用交叉验证方法对其不同参数组合的行为识别性能进行评估。最后将识别性能最高的参数组合作为最佳的参数取值。图 5.4 为参数 λ 和 α 的不同组合在三个基准数据库上的行为识别性能图。如图 5.4 所示，分别取在三个数据库上识别性能最好的参数组合为最佳参数值，具体是：在 KTH 数据库上的最佳参数为 $\lambda=$

0.1，$\alpha=0.25$；在 UCF Sports 数据库上的最佳参数为 $\lambda=0.2$，$\alpha=0.3$；在 HMDB51 数据库上的最佳参数为 $\lambda=0.25$，$\alpha=0.35$。

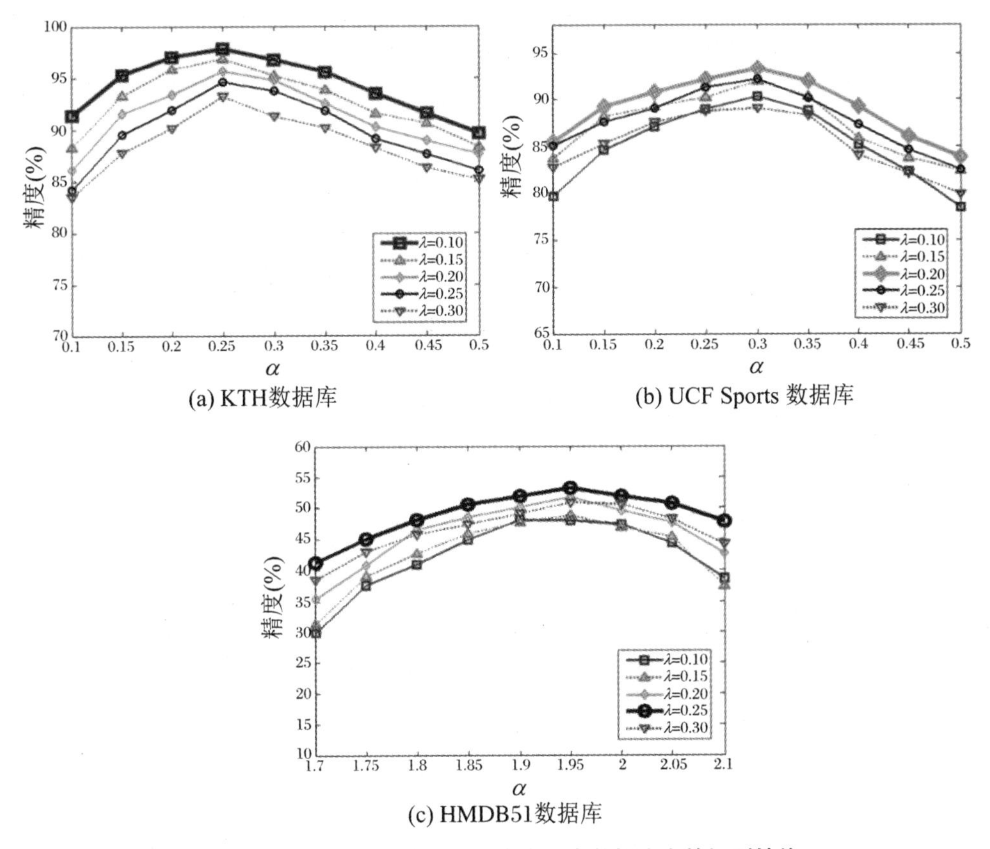

(a) KTH数据库　(b) UCF Sports 数据库　(c) HMDB51数据库

图 5.4　参数 λ 和 α 的不同组合在三个数据库上的识别性能

5.3.2　实验结果

1. KTH 数据库行为识别实验

本节在 KTH 数据库上的行为识别实验，采用了与 4.3.2 节中在 KTH 数据库上相同的留一法交叉验证方案。图 5.5(a)展示了在最佳参数($\lambda=0.1$，$\alpha=0.25$)下本章构建的 DPDFNL 判别部件学习模型在该数据库上检测到的判别部件示例图。由于空间限制，图 5.5 中只展示了不同类别的行为低秩图中的前 8 个判别部件。从图 5.5 中可以看到，判别部件能够很好地捕捉到人体行为发生的区域，这有利于增强系统的抗背景干扰能力。在该数据库上针对各行为类别检测到的判别部件数目如图 5.6(a)所示，从图中可以看到“拳击”“鼓掌”和“挥手”这类原地不动的行为检测到的判别部件较少，而“慢跑”“跑步”和“行走”这类相对复杂的行为检测到的判别部件也相对较多。

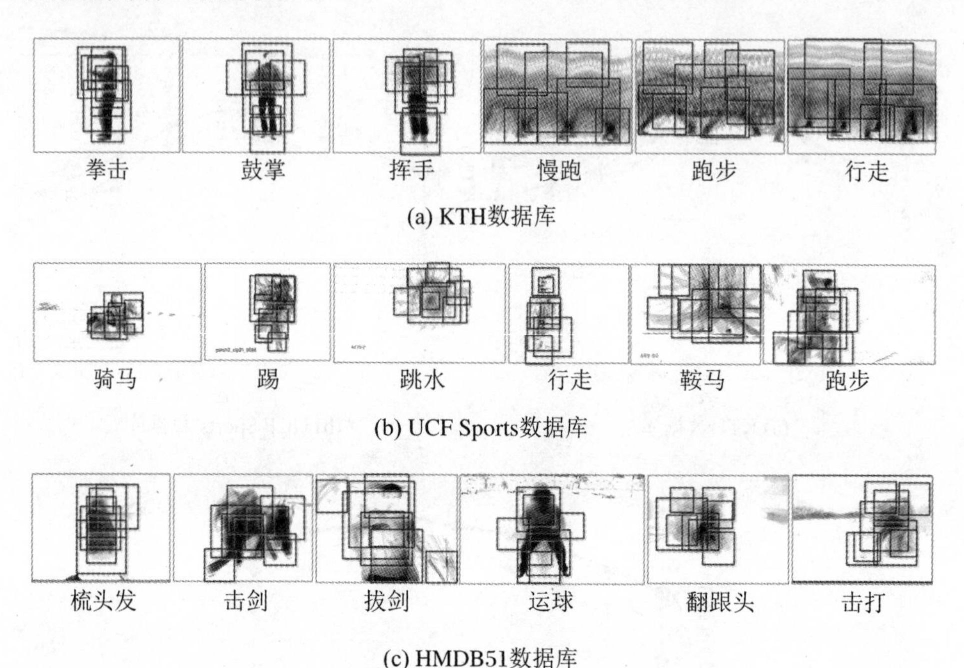

(a) KTH数据库

(b) UCF Sports数据库

(c) HMDB51数据库

图 5.5　三个数据库上检测到的判别部件示例图

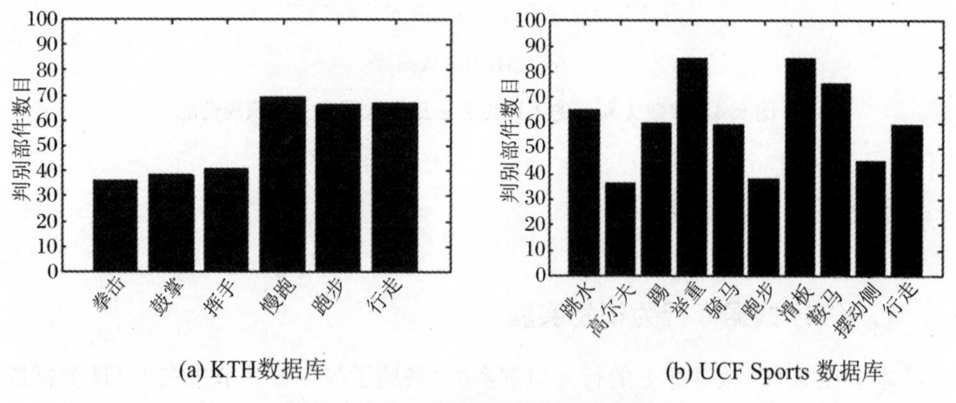

(a) KTH数据库　　(b) UCF Sports 数据库

图 5.6　各行为类别的判别部件数量

图 5.7(a)展示了在最佳参数下，本章构建方法在 KTH 数据库上获得的混淆矩阵。从混淆矩阵中可以很直观地观察到各行为类别的识别率以及错分率和混淆情况。如图 5.7(a)所示，就整体而言，各行为类别的识别率较图 4.12 所示方法的识别率更好，错分率更低，混淆情况也更少。但主要的混淆仍发生在“慢跑”和“跑步”之间。其实从定义到执行，这两类行为之间的界限都较为模糊，这也使得很多

优秀的行为识别方法都难以有效地区分这两类行为。经过统计,本章构建方法在 KTH 数据库上达到了 97.83%的行为识别率,较第 4 章的方法提高了 0.51%。

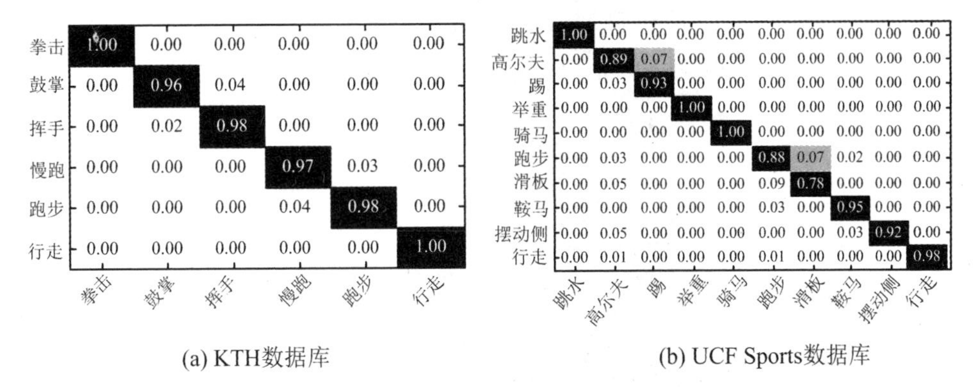

图 5.7 本章方法在 KTH 和 UCF Sports 数据库上的混淆矩阵

2. UCF Sports 数据库行为识别实验

本节在 UCF Sports 数据库上的行为识别实验,采用了与 4.3.2 节中在 UCF Sports 数据库上相同的训练样本和测试样本划分方法,以及相同的留一法交叉验证方案。图 5.5(b)展示了在最佳参数 ($\lambda=0.2$,$\alpha=0.3$)下 DPDFNL 模型在 UCF Sports 数据库上检测到的判别部件示例图。从该图中可以看出,检测到的判别部件可以很好地捕捉到人体行为发生的区域,而残留在行为低秩特征中的背景信息并没有被检测为判别部件。为了方便观察,图 5.5(b)中只展示了该数据库上不同类别的行为低秩图中的前 8 个判别部件,各行为类别的判别部件数目如图 5.6(b)所示。从图 5.6(b)中可以看到,各行为类别的判别部件数存在较为明显的差异。

图 5.7(b)展示了本章方法在 UCF Sports 数据库上获得的混淆矩阵。从该图中可以看到,各行为类别的识别率较图 4.15 所示的识别率更高。经过统计,本章方法在 UCF Sports 数据库上达到了 93.33%的识别率,较第 4 章的方法提高了 0.66%。

3. HMDB51 数据库行为识别实验

本节在 HMDB51 数据库上的行为识别实验,采用了与 4.3.2 节中在 HMDB51 数据库上相同的训练样本和测试样本划分方法以及相同的实验验证方案。图 5.5(c)展示了在最佳参数($\lambda=0.25$,$\alpha=0.35$)下 DPDFNL 模型在 HMDB51 数据库上检测到的判别部件示例图。即便 HMDB51 数据库较 KTH 和 UCF Sports 更为复杂,残留在行为低秩图中的背景信息也相对较多,图 5.5(c)所示的判别部件在多数情况下也能很好地捕捉到人体行为的发生区域,这有效地提高了系统对复杂背景的抗干扰能力。图 5.8 展示了该数据中各类行为的判别部件数目。从该图中可以看到各行为类别的判别部件数目存在较大的差异。

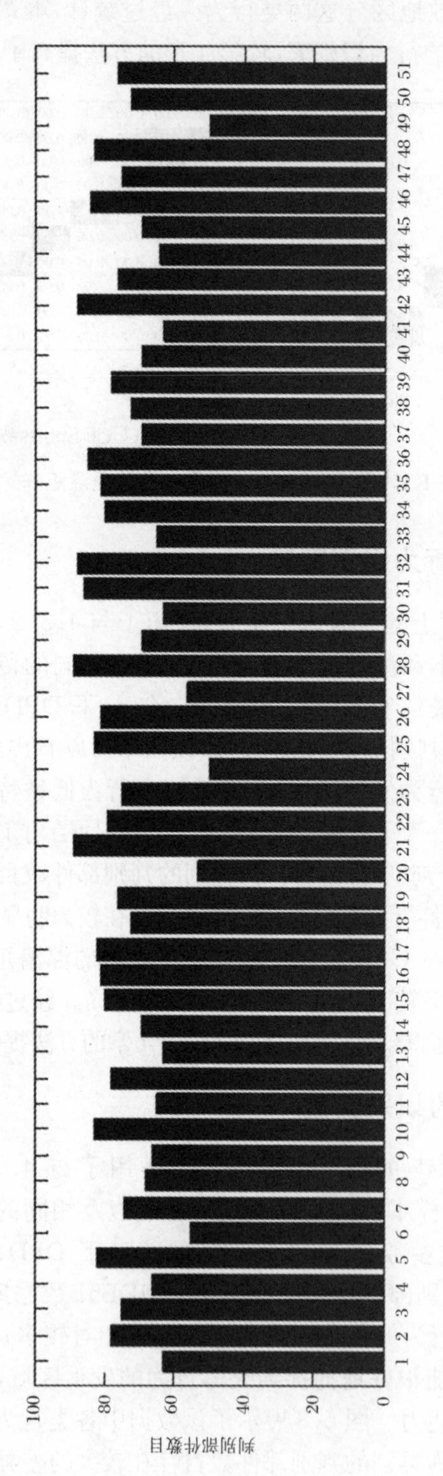

图 5.8 HMDB51 数据库上各行为类别的判别部件数量

图 5.9 展示了本章方法在 HMDB51 数据库上获得的混淆矩阵。经过统计，本章方法在该数据库上达到了 53.21%的识别率，较第 4 章中的方法提高了 3.5%。

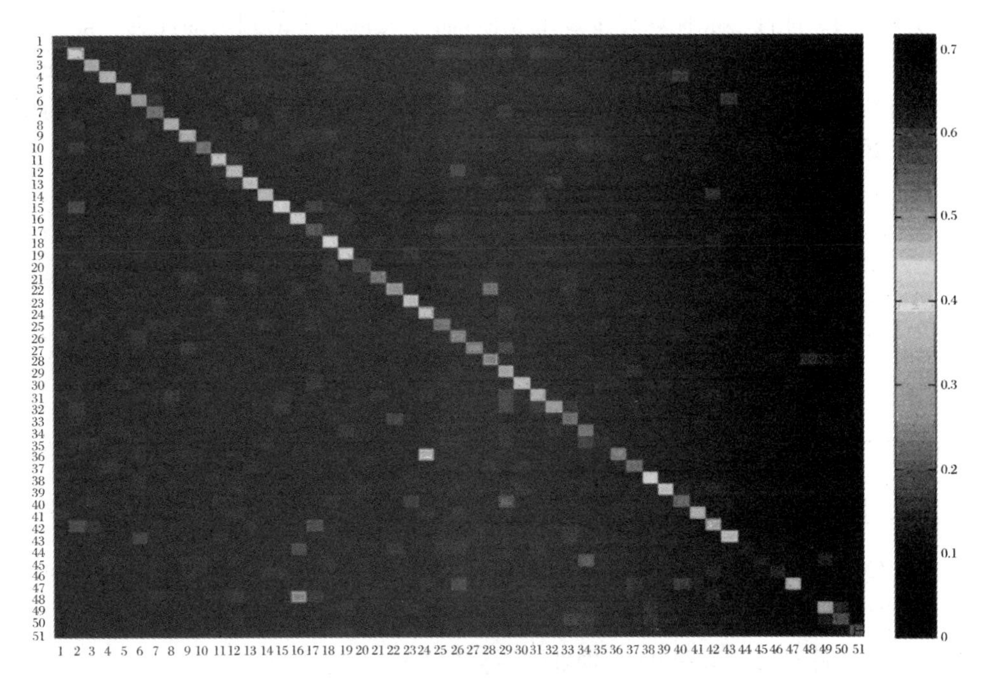

图 5.9　本章方法在 HMDB51 数据库上的混淆矩阵

5.3.3　对比实验分析

为了全面评估本章构建方法的行为识别性能，进行了三组对比实验。具体是分别对本章构建模型中的相似性约束性能、具有灵活数量的判别部件性能和综合行为识别性能对比三个方面进行评估。

1. 相似性约束性能评估

在第一组对比实验中，对比了在判别部件学习的模型中不使用相似性约束、使用 Shapovalova 等人[150]提出的部件相似性约束以及本章构建的部件相似性约束三种方法的性能。为了更加公平地进行对比实验，在实验中除了使用的相似性约束不同，其他计算步骤完全一致。Shapovalova 等人提出的相似性约束的思想是直接约束部件隐向量之间的相似性，其公式为

$$S = \sum_{i}\sum_{j} S(\boldsymbol{\phi}(x_i, y_i, \boldsymbol{h}), \boldsymbol{\phi}(x_j, y_i, \boldsymbol{h})) = \sum_{i}\sum_{j} \boldsymbol{\phi}(x_i, y_i, \boldsymbol{h})^{\mathrm{T}} \boldsymbol{\phi}(x_j, y_i, \boldsymbol{h}) \tag{5.25}$$

表 5.1 列出了不同相似性约束方法在三个数据库上的性能比较。从表 5.1 中

可以看到，在没有相似性约束的情况下的行为识别性能最差，本章构建的相似性约束的性能好于文献[157]提出的相似性约束。其原因是在没有相似性约束时，同类行为中的判别部件不能保证尽量多地相似，而异类行为中的判别部件也不能保证差异尽量大，在这种情况下系统取得的行为识别性能也最差。其次，判别部件的产生是由判别部件检测器检测得到的，因此，约束部件检测器与部件隐向量之间的相应效果好于文献[150]中直接约束部件隐向量。

表 5.1　不同相似性约束方法在三个数据库上的识别率(%)比较

相似性约束类型	KTH	UCF Sports	HMDB51
无相似性约束	92.15	88.67	45.12
Shapovalova 等[150]	95.49	91.33	47.76
本章构建的相似性约束	97.83	93.33	53.21

2. 具有灵活数量的判别部件性能评估

在第二组对比实验中，将本章构建的针对不同行为类学习灵活数量的判别部件与传统的对所有行为类学习相同数量的判别部件方法进行对比。当使用固定数量的判别部件时，式(5.24)的识别准则调整为

$$identity(x_t) = \arg\max_y\left(\frac{1}{k'}\sum_{k=1}^{k'}\max_h \boldsymbol{d}_{y,k}^{\mathrm{T}}\boldsymbol{\phi}(x_t, y_t, \boldsymbol{h})\right), \quad k' = 1,2,\cdots,K \tag{5.26}$$

其中，k'表示使用的判别部件个数(对各行为类别都相同)。图 5.10 展示了在不同固定数量下的判别部件在三个行为数据库上的识别性能。表 5.2 列出了图 5.10 中固定数量判别部件取得的最好识别率与本章方法识别率的对比。

表 5.2　不同数量的判别部件在三个数据库上的识别率(%)比较

判别部件	KTH	UCF Sports	HMDB51
固定数量	95.52	90	46.53
灵活数量	97.83	93.33	53.21

从图 5.10 和表 5.2 中可看到，本章的方法在三个数据库上的识别性能都优于固定数量的判别部件方法。其原因是当对各行为类别都使用相同的固定数量的判别部件时，某些行为类别的判别部件还未被完全使用，而另一些行为类别中不具判别力的部件已参与行为分类，这影响到了系统最终的识别性能。

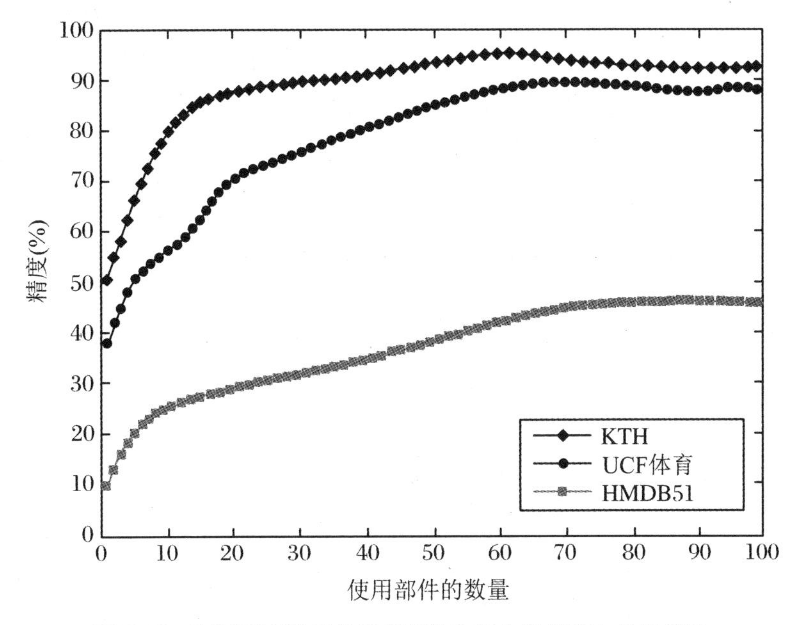

图5.10　不同固定数量的判别部件在三个数据库上的性能图

3. 综合行为识别性能对比

在第三组对比实验中，对比了本章构建方法和其他优秀行为识别方法的识别性能。表5.3、表5.4和表5.5分别列出了在KTH、UCF Sports和HMDB51数据库上的对比结果。从这三个表中可以看到，本章构建的方法在三个基准数据库上较第4章的方法分别提高了0.51%、0.66%和3.5%的识别率。同时相比其他方法，本章的方法在KTH和UCF Sports上达到了最好的识别性能，在HMDB51数据库上除了低于文献[65]中方法的识别率，高于其他任何方法的识别率。实验结果表明了本章构建的DPDFNL判别部件学习模型以及相应的行为识别方法的有效性。

表5.3　不同方法在KTH数据库上的性能比较

方　法	识别率(%)
Kovashka方法[19]	94.53
Xie方法[144]	87.3
Liu方法[9]	92.3
Zhao方法[38]	92.12
Yuan方法[53]	95.49
Li方法[75]	96.33
Yu方法[62]	96.3

续表

方　法	识别率(%)
Han 方法[48]	95.17
Zhang 方法[8]	95.98
第 4 章方法	97.32
本章方法	97.83

表 5.4　不同方法在 UCF Sports 数据库上的性能比较

方　法	识别率(%)
Kovashka 方法[19]	87.27
Wang 方法[63]	88.2
Zhang 方法[39]	87.33
Yuan 方法[53]	87.33
Wang 方法[40]	90
Li 方法[75]	92
Samanta 方法[7]	88.67
Sheng 方法[10]	87.33
Tran 方法[167]	88.83
第 4 章方法	92.67
本章方法	93.33

表 5.5　不同方法在 HMDB51 数据库上的性能比较

方　法	识别率(%)
Kuehne 方法[15]	22.83
Kliper-Gross 方法[21]	29.2
Jiang 方法[64]	40.7
Liu 方法[17]	49.3
Wang 方法[65]	57.2
Li 方法[75]	29.6
Wu 方法[23]	47.1
Li 方法[166]	39.04
第 4 章方法	49.71
本章方法	53.21

本 章 小 结

本章分析并充分利用了行为低秩特征与部件学习方法间的互补性，构建了基于行为低秩特征中判别部件学习的行为识别方法。从行为低秩特征中学习判别部件，有效增强了行为低秩特征的抗背景干扰能力，同时也在极大程度上克服了传统部件学习方法中的“背景记忆”问题。在判别部件学习中，传统部件学习往往针对所有行为类学习相同数量的判别部件，忽略了各行为类别间识别难易程度的差异。为克服这个问题，本章构建了可以针对不同行为类别学习灵活数量判别部件的 DPDFNL 部件学习模型。在 DPDFNL 模型中，定义了新的相似性约束方法。与传统相似性约束只约束部件隐向量不同，本章方法约束的是部件检测器与部件隐向量之间的响应，这更有利于判别部件检测器的产生。同时运用组稀疏规则化算子自动保留每个行为类别中判别力强的部件检测器。在三个基准数据库上的实验结果表明了本章构建的 DPDFNL 部件学习模型的有效性。同时相比其他行为识别方法，本章基于行为低秩特征中判别部件学习的行为识别方法获得了更好的识别性能。

第6章　基于时序行为低秩特征和字典学习的人体行为识别

6.1 引　言

第4章分析了行为低秩特征的累加边缘分布直方图表达。第5章分析了行为低秩特征中的判别部件学习方法，以此增强行为低秩特征抗行为背景干扰的能力，并取得了较好的识别性能。然而上述方法未能考虑到行为低秩特征中的时间信息。为了弥补这一缺失，本章构建了运用时序行为低秩特征捕获视频序列中时间信息的方法。与直接从整个行为视频序列中提取行为低秩特征不同，时序行为低秩特征首先将视频序列按一定规则划分为若干行为子序列，并分别对各子序列提取行为低秩特征，然后将所有子序列的行为低秩特征按照时间顺序进行串联，进而形成带有时间信息的时序行为低秩特征。相比普通的行为低秩特征，时序行为低秩特征的特征数量有所增加，这更适合通过字典学习来对其进行分类。为此，本章对字典学习方法进行了深入研究，构建了一种相似性约束的判别核字典学习模型用于时序行为低秩特征的分类，并最终形成了基于时序行为低秩特征和字典学习的人体行为识别方法。

字典学习通常是学习一组过完备基(overcomplete basis)来对目标数据进行稀疏表示。过完备基是基数目大于线性空间维度的一组基，字典学习通常采用 l_p 正则化算子对编码系数进行约束，进而达到稀疏表示的效果。近几年来，字典学习已经广泛应用于计算机视觉领域，如人脸识别[168-172]、图像复原[173-176]、场景分类[177]和行为识别[178-180]等，并取得了很好的效果。按照字典学习模型是否利用样本的类别信息，可将其大致分为无监督字典学习和有监督字典学习。其中，有监督字典学习更适合处理分类任务。在有监督字典学习模型里，又可以分为专有字典学习和共享字典学习。其中，专有字典学习是只针对特定样本类别进行学习的专有的字典学习方式，然而当分类任务中样本类别特别多时，这种方法会显得力不从心，其计算复杂度会大大增加。共享字典学习是对所有样本类别进行学习的一个公共字典学习方式，该方式更适合处理行为识别领域的分类任务。

当前，基于字典学习的人体行为识别方法大部分都借鉴了图像处理中的思路，即首先将视频表示成一个特征向量，然后采用字典学习模型学习字典并生成视频的稀疏表示进而进行分类。例如，Zhu 等人[180]利用字典学习对局部时空卷进行稀疏编码；Wang 等人[181]首先将视频分割成连续的时间块，然后用多层词袋模型将视频表示成一个特征向量；Zhang 等人[39]通过字典学习对视频序列进行上下文约束的线性编码；Jiang 等人[182]用 Action Bank[183]检测器生成的特征作为视频的特征表示。但上述这些字典学习方法通常都没有考虑样本编码系数间的相似性约束问题。样本编码系数对于分类器的训练和测试样本的分类都至关重要，来自同类样本的编码系数应尽可能相同，分属不同类别的样本编码系数的差异应尽可能大。此外，传统字典学习模型通常是在线性空间中学习字典，在面对非线性可分数据时往往难以取得理想的处理效果。为了克服这些问题，本章构建了一种相似性约束的判别核字典学习（similarity constrained discriminative kernel dictionary learning, SCDKDL）模型，用于时序行为低秩特征的分类。在该模型中定义了相似性约束以约束行为样本的编码系数，进而可以训练出性能更好的分类器；同时使用了核映射方法以增强模型处理非线性可分数据的能力。为了验证本章构建方法的有效性，在 KTH、UCF Sports 和 HMDB51 三个基准数据库上进行了实验分析，实验结果表明了本章构建的时序行为低秩特征和 SCDKDL 字典学习模型的有效性。同时，相应的行为识别方法取得了更好的识别性能。

6.2　方法概述

本节首先构建了运用时序行为低秩特征捕获视频序列中时间信息的方法，增强了行为低秩特征捕获视频序列中时间信息的能力。然后对适合用于时序行为低秩特征分类的字典学习进行了深入研究，构建了 SCDKDL 字典学习模型，并定义了相应的行为识别准则用于行为分类。最终形成了基于时序行为低秩特征和字典学习的行为识别方法。

图 6.1 展示了基于时序行为低秩特征和字典学习的行为识别方法的流程图。首先按照一定的重叠率将行为视频序列划分为多个行为子序列，并提取时序行为低秩特征；然后利用 SCDKDL 字典学习模型在时序行为低秩特征上学习判别核字典；最后利用学习到的判别核字典设计出相应的行为识别准则，并给出最终的行为识别结果。

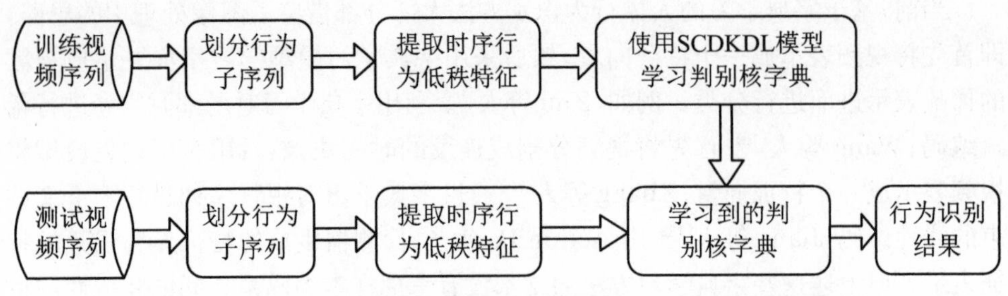

图 6.1　基于时序行为低秩特征和字典学习的行为识别方法流程图

6.2.1　时序行为低秩特征

为了得到具有时间信息的行为低秩特征，首先将整个视频序列按照一定的重叠率 θ 划分为若干个行为子序列。然后分别对每个子序列提取行为低秩特征，并用 AEDH 描述算子将其表达为一个特征向量。最后按时间顺序将每个低秩特征的特征向量串联起来形成时序行为低秩特征。图 6.2 以 KTH 数据库中的“慢跑”行为为例，展示了时序行为低秩特征的形成示意图。图 6.2 中箭头 A1 表示提取行为低秩特征，箭头 A2 表示 AEDH 表达。从图 6.2 中可以看到，最终形成的时序行为低秩特征为一个特征矩阵，相比普通的行为低秩特征数据量有所增加。研究发现时序行为低秩特征更适合通过字典学习来进行分类。为此本节对字典学习模型进行了研究，并针对当前字典学习模型的不足，构建了一种相似性约束的判别核字典学习模型来对时序行为低秩特征进行分类。

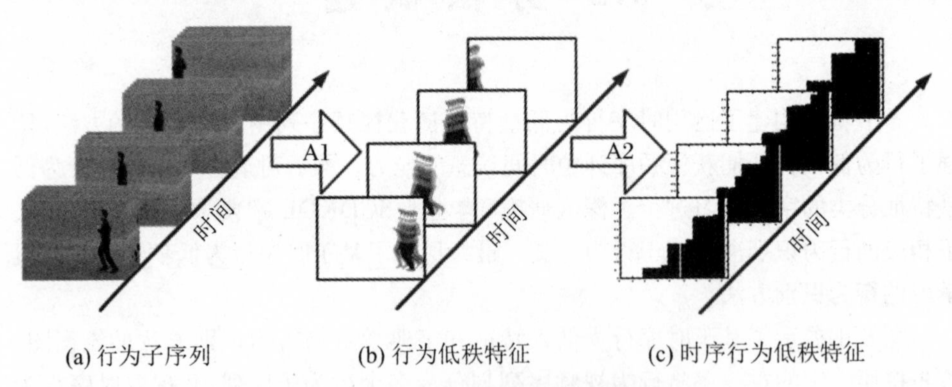

图 6.2　时序行为低秩特征形成示意图

6.2.2　相似性约束的判别核字典学习

假设以 $\boldsymbol{x}_{i,j} \in \mathbb{R}^{P\times Q}$ 表示第 i 类行为中第 j 个训练样本的时序低秩特征矩阵，

其中 P 表示每个行为子序列的低秩特征向量长度，Q 表示整个视频序列中所有子序列的数目。则 $\boldsymbol{X}_i=[\boldsymbol{x}_{i,1},\boldsymbol{x}_{i,2},\cdots,\boldsymbol{x}_{i,N_i}]$表示第 i 类行为中所有训练样本的特征矩阵，其中，N_i 表示第 i 类行为中训练样本的个数。又假设一共存在 C 类人体行为，则所有训练样本可以表示为 $\boldsymbol{X}=[\boldsymbol{X}_1,\boldsymbol{X}_2,\cdots,\boldsymbol{X}_C]$，$i=1,2,\cdots,C$。共享字典学习的目的是为所有行为类学习一个共享字典 $\boldsymbol{D}=[\boldsymbol{d}_1,\boldsymbol{d}_2,\cdots,\boldsymbol{d}_K]\in\mathbb{R}^{P\times K}$，其中，$K$ 表示字典$\boldsymbol{D}$ 中的原子数，且 $K>P$。基于以上定义，一个普通的带有线性分类器的共享字典学习模型可定义如下：

$$\begin{aligned}\langle\boldsymbol{D}^*,\boldsymbol{A}^*,\boldsymbol{W}^*\rangle=\arg\min_{\boldsymbol{D},\boldsymbol{A},\boldsymbol{W}}\frac{1}{2}\sum_{i=1}^{C}\|\boldsymbol{X}_i-\boldsymbol{D}\boldsymbol{A}_i\|_F^2+\frac{\beta}{2}\|\boldsymbol{W}\|_F^2\\+\frac{\gamma}{2}\sum_{i=1}^{C}\|\boldsymbol{Y}_i-\boldsymbol{W}\boldsymbol{A}_i\|_F^2\\ \text{s.t.}\quad\|\boldsymbol{d}_k\|=1,\quad\forall k=1,2,\cdots,K\end{aligned}\tag{6.1}$$

其中，$\|\boldsymbol{X}_i-\boldsymbol{D}\boldsymbol{A}_i\|_F^2$ 表示重建误差项，$\boldsymbol{A}_i=[\boldsymbol{a}_{i,1},\boldsymbol{a}_{i,2},\cdots,\boldsymbol{a}_{i,N_i}]\in\mathbb{R}^{K\times QN_i}$表示第 i 类行为样本$\boldsymbol{X}_i$ 的编码系数矩阵。$\boldsymbol{W}\in\mathbb{R}^{C\times K}$为线性分类器。$\|\boldsymbol{Y}_i-\boldsymbol{W}\boldsymbol{A}_i\|_F^2$ 为分类误差项，且 $\boldsymbol{Y}_i\in\mathbb{R}^{C\times QN_i}$为$\boldsymbol{X}_i$ 的类别标签。β 和γ 分别为相应项的权重系数。

通常情况下式(6.1)较难优化求解，且学习到的线性分类器在面对非线性可分的数据时难以取得令人满意的分类效果。为此，在本章构建的 SCDKDL 字典学习模型中引入了文献[184]中的稀疏字典模型以促进模型的优化求解。同时使用了核映射方法以增强模型处理非线性可分数据的能力。此外 SCDKDL 模型认为来自相同类别的行为样本应尽可能具有相似的编码系数，而分属不同类别的行为样本的编码系数差异应尽可能大。因此，在 SCDKDL 模型中加入了相似性约束以约束各类训练样本的编码系数，进而训练出性能更好的分类器。

文献[184]中的稀疏字典模型可表示为 $\boldsymbol{D}=\boldsymbol{D}_0\boldsymbol{U}$，其中，$\boldsymbol{D}_0\in\mathbb{R}^{P\times K}$为预先定义的基字典，$\boldsymbol{U}=[\boldsymbol{u}_1,\boldsymbol{u}_2,\cdots,\boldsymbol{u}_K]\in\mathbb{R}^{K\times K}$为表示字典矩阵。假设以 $\boldsymbol{\phi}:L\mapsto H$ 表示从低维空间到高维空间的非线性映射。则样本 $\boldsymbol{X}_i$ 的映射可以表示为$\boldsymbol{\phi}(\boldsymbol{X}_i)$，字典 $\boldsymbol{D}$ 的映射可表示为$\boldsymbol{\phi}(\boldsymbol{D})=\boldsymbol{\phi}(\boldsymbol{D}_0)\boldsymbol{U}$。同时将特征向量 $\boldsymbol{x}_i$ 和$\boldsymbol{x}_j$ 在高维空间中的乘积表示为$\boldsymbol{\kappa}(\boldsymbol{x}_i,\boldsymbol{x}_j)=\boldsymbol{\phi}(\boldsymbol{x}_i)^{\mathrm{T}}\phi(\boldsymbol{x}_j)$，本章采用的核函数是 Chi-square 核。基于上述定义，本章构建的 SCDKDL 模型可定义如下：

$$\begin{aligned}\langle\boldsymbol{U}^*,\boldsymbol{A}^*,\boldsymbol{W}^*\rangle=\arg\min_{\boldsymbol{D},\boldsymbol{A},\boldsymbol{W}}\frac{1}{2}\sum_{i=1}^{C}\|\boldsymbol{\phi}(\boldsymbol{X}_i)-\boldsymbol{\phi}(\boldsymbol{D}_0)\boldsymbol{U}\boldsymbol{A}_i\|_F^2+\frac{\alpha}{2}S(\boldsymbol{B})\\+\frac{\beta}{2}\|\boldsymbol{W}\|_F^2+\frac{\gamma}{2}\sum_{i=1}^{C}\|\boldsymbol{Y}_i-\boldsymbol{W}\boldsymbol{B}_i\|_F^2\end{aligned}\tag{6.2}$$

$$\text{s.t.}\quad\|\boldsymbol{\phi}(\boldsymbol{D}_0)\boldsymbol{u}_k\|_2^2=1,\quad\forall k=1,2,\cdots,K$$

其中，$S(\boldsymbol{B})$为构建的相似性约束，定义为

$$S(\boldsymbol{B})=\sum_{i}\sum_{m\neq i}\sum_{j}\sum_{n}\|\boldsymbol{b}_{i,j}^{\mathrm{T}}\boldsymbol{b}_{m,n}\|_2^2-\sum_{i}\sum_{j}\sum_{n}\|\boldsymbol{b}_{i,j}^{\mathrm{T}}\boldsymbol{b}_{i,n}\|_2^2\tag{6.3}$$

其中，$\boldsymbol{B}=[\boldsymbol{B}_1,\boldsymbol{B}_2,\cdots,\boldsymbol{B}_C]$为编码系数矩阵 $\boldsymbol{A}$ 的池化表示，$\boldsymbol{B}_i=[\boldsymbol{b}_{i,1},\boldsymbol{b}_{i,2},\cdots,\boldsymbol{b}_{i,N_i}]\in\mathbb{R}^{Q\times N_i}$。$\boldsymbol{B}_i$ 中的$\boldsymbol{b}_{i,j}=\boldsymbol{a}_{i,j}^{\mathrm{T}}\boldsymbol{I}_K\in\mathbb{R}^{Q}$，其中，$\boldsymbol{I}_k$ 表示长度为K，且每个元素值为 $1/K$ 的向量。在公式(6.2)中系数 α 为相似性约束$S(\boldsymbol{B})$的权重系数；此外在该模型中，$\boldsymbol{W}\in\mathbb{R}^{C\times Q}$且 $\boldsymbol{Y}_i=[\boldsymbol{y}_{i,1},\boldsymbol{y}_{i,2},\cdots,\boldsymbol{y}_{i,N_i}]\in\mathbb{R}^{C\times N_i}$，这两点略微不同于公式(6.1)中的 $\boldsymbol{W}$ 和 $\boldsymbol{Y}_i$。在 $\boldsymbol{Y}_i$ 中，$\boldsymbol{y}_{i,j}=[0,0,\cdots,1,\cdots,0,0]^{\mathrm{T}}$ 表示长度为 C 的样本 $\boldsymbol{x}_{i,j}$的类别向量，其中非零元素 1 的位置表明了样本 $\boldsymbol{x}_{i,j}$所属的行为类别。如上所述为完整的 SCDKDL 模型，下面介绍该模型的优化求解方法。

6.2.3 模型求解方法

由于 SCDKDL 模型中表示矩阵 $\boldsymbol{U}$、编码系数矩阵 $\boldsymbol{A}$ 和分类器 $\boldsymbol{W}$ 三者互相关联，本章采用交替优化求解的方式完成对整个模型的求解，即在优化求解其中某一项时，固定其余的两项。在求解模型之前首先对 $\boldsymbol{U}$ 和 $\boldsymbol{A}$ 进行初始化。具体是用 K 均值算法将所有训练样本的时序低秩特征聚类为 K 个中心，并将这 K 个聚类中心初始化为基字典$\boldsymbol{D}_0$。然后初始化表示字典 $\boldsymbol{U}$ 为一个单位矩阵$\boldsymbol{I}_{K\times K}$，编码系数矩阵 $\boldsymbol{A}$ 则可以初始为

$$\langle \boldsymbol{A}^*\rangle=\arg\min_{\boldsymbol{A}}\left\{f_1(\boldsymbol{A})=\frac{1}{2}\|\boldsymbol{\phi}(X)-\boldsymbol{\phi}(D_0)\boldsymbol{UA}\|_F^2\right\}\tag{6.4}$$

令 $f_1(A)$的导数为零，即

$$\frac{\partial f_1(\boldsymbol{A})}{\partial \boldsymbol{A}}=-\boldsymbol{U}^{\mathrm{T}}\boldsymbol{\phi}^{\mathrm{T}}(\boldsymbol{D}_0)(\boldsymbol{\phi}(\boldsymbol{X})-\boldsymbol{\phi}(\boldsymbol{D}_0)\boldsymbol{UA})=0\tag{6.5}$$

则初始编码系数矩阵 $\boldsymbol{A}^0$ 计算如下：

$$\boldsymbol{A}^0=(\boldsymbol{U}^{\mathrm{T}}\boldsymbol{\kappa}(\boldsymbol{D}_0,\boldsymbol{D}_0)\boldsymbol{U})^{-1}\boldsymbol{U}^{\mathrm{T}}\boldsymbol{\kappa}(\boldsymbol{D}_0,\boldsymbol{X})\tag{6.6}$$

1. 求解最优分类器 W

在求解最优线性分类器 $\boldsymbol{W}$ 时，将 $\boldsymbol{U}$ 和$\boldsymbol{A}$ 固定。则目标函数式(6.2)可重写为

$$\langle \boldsymbol{W}^*\rangle=\arg\min_{\boldsymbol{W}}\left\{f_2(\boldsymbol{W})=\frac{\beta}{2}\|\boldsymbol{W}\|_{\mathrm{F}}^2+\frac{\gamma}{2}\|\boldsymbol{Y}-\boldsymbol{WB}\|_{\mathrm{F}}^2\right\}\tag{6.7}$$

令 $f_2(\boldsymbol{A})$的导数为零，即

$$\frac{\partial f_2(\boldsymbol{A})}{\partial \boldsymbol{A}}=\beta\boldsymbol{W}-\gamma(\boldsymbol{Y}-\boldsymbol{WB})\boldsymbol{B}^{\mathrm{T}}=0\tag{6.8}$$

则最优的 $\boldsymbol{W}^*$ 可计算为

$$\boldsymbol{W}^*=\gamma\boldsymbol{YB}^{\mathrm{T}}(\beta\boldsymbol{I}_{K\times K}+\gamma\boldsymbol{BB}^{\mathrm{T}})^{-1}\tag{6.9}$$

2. 求解最优系数矩阵 A

在求解最优编码系数矩阵 $\boldsymbol{A}$ 时，固定 $\boldsymbol{U}$ 和 $\boldsymbol{W}$，并采用逐个更新每个元素 $\boldsymbol{a}_{i,j}$ 的方式完成整个$\boldsymbol{A}$ 的更新。更新 $\boldsymbol{a}_{i,j}$的目标函数可由公式(6.2)改写为

$$\langle \boldsymbol{a}_{i,j}{}^{*} \rangle = \arg\min_{\boldsymbol{a}_{i,j}} \left\{ f_3(\boldsymbol{a}_{i,j}) = \frac{1}{2} \| \boldsymbol{\phi}(\boldsymbol{x}_{i,j}) - \boldsymbol{\phi}(\boldsymbol{D}_0) \boldsymbol{U} \boldsymbol{a}_{i,j} \|_{\mathrm{F}}^{2} \right.$$
$$+ \frac{\alpha}{2} \sum_{m \neq i} \sum_{n} \| \boldsymbol{I}_K^{\mathrm{T}} \boldsymbol{a}_{i,j} \boldsymbol{a}_{m,n}^{\mathrm{T}} \boldsymbol{I}_K \|_2^2$$
$$\left. - \frac{\alpha}{2} \sum_{n} \| \boldsymbol{I}_K^{\mathrm{T}} \boldsymbol{a}_{i,j} \boldsymbol{a}_{i,n}^{\mathrm{T}} \boldsymbol{I}_K \|_2^2 + \frac{\gamma}{2} \| \boldsymbol{y}_{i,j} - \boldsymbol{W} \boldsymbol{a}_{i,j}^{\mathrm{T}} \boldsymbol{I}_K \|_2^2 \right\} \tag{6.10}$$

则 $f_3(\boldsymbol{a}_{i,j})$对 $\boldsymbol{a}_{i,j}$的导数计算为

$$\frac{\partial f_3(\boldsymbol{a}_{i,j})}{\partial \boldsymbol{a}_{i,j}} = - \boldsymbol{U}^{\mathrm{T}} \boldsymbol{\kappa}(\boldsymbol{D}_0, \boldsymbol{x}_{i,j}) + \boldsymbol{U}^{\mathrm{T}} \boldsymbol{\kappa}(\boldsymbol{D}_0, \boldsymbol{D}_0) \boldsymbol{U} \boldsymbol{a}_{i,j}$$
$$+ \boldsymbol{\alpha} \sum_{m \neq i} \sum_{n} \boldsymbol{I}_K (\boldsymbol{I}_K^{\mathrm{T}} \boldsymbol{a}_{i,j} \boldsymbol{a}_{m,n}^{\mathrm{T}} \boldsymbol{I}_K) \boldsymbol{I}_K^{\mathrm{T}} \boldsymbol{a}_{m,n}$$
$$- \alpha \sum_{n} \boldsymbol{I}_K (\boldsymbol{I}_K^{\mathrm{T}} \boldsymbol{a}_{i,j} \boldsymbol{a}_{i,n}^{\mathrm{T}} \boldsymbol{I}_K) \boldsymbol{I}_K^{\mathrm{T}} \boldsymbol{a}_{i,n} - \gamma \boldsymbol{I}_K (\boldsymbol{y}_{i,j} - \boldsymbol{W} \boldsymbol{a}_{i,j}^{\mathrm{T}} \boldsymbol{I}_K)^{\mathrm{T}} \boldsymbol{W} \tag{6.11}$$

然后利用梯度下降法对 $\boldsymbol{a}_{i,j}$进行更新，即

$$\boldsymbol{a}_{i,j}^{(t+1)} = \boldsymbol{a}_{i,j}^{(t)} - \rho \frac{\partial f_3(\boldsymbol{a}_{i,j})}{\partial \boldsymbol{a}_{i,j}} \tag{6.12}$$

其中，ρ 为设置的步长。在迭代求解过程中，设置的两个迭代终止准则分别为 $\| \boldsymbol{a}_{i,j}^{(t+1)} - \boldsymbol{a}_{i,j}^{(t)} \|_F^2 \leqslant \varepsilon$（$\varepsilon$ 为设置的阈值）和最大迭代次数 T。

3. 求解最优表示矩阵 U

固定 $\boldsymbol{W}$ 和 $\boldsymbol{A}$，求解最优表示矩阵 $\boldsymbol{U}$，则目标函数式(6.2)可重写为

$$\langle \boldsymbol{U}^{*} \rangle = \arg\min_{\boldsymbol{U}} \frac{1}{2} \| \boldsymbol{\phi}(\boldsymbol{X}) - \boldsymbol{\phi}(\boldsymbol{D}_0) \boldsymbol{U} \boldsymbol{A} \|_F^2$$
$$\text{s.t.} \quad \| \boldsymbol{\phi}(\boldsymbol{D}_0) \boldsymbol{u}_k \|_2^2 = 1, \quad \forall k = 1, 2, \cdots, K \tag{6.13}$$

对 $\boldsymbol{U}$ 的更新也采用逐个更新 $\boldsymbol{u}_k$ 的方式完成。即在更新 $\boldsymbol{u}_k$ 时，固定除 $\boldsymbol{u}_k$ 以外的 $\boldsymbol{U}$ 中的所有列向量。定义中间变量 $\boldsymbol{\phi}(\widetilde{\boldsymbol{X}}) = \boldsymbol{\phi}(\boldsymbol{X}) - \boldsymbol{\phi}(\boldsymbol{D}_0) \widetilde{\boldsymbol{u}}_k \widetilde{\boldsymbol{A}}_k$，其中，$\widetilde{\boldsymbol{u}}_k$ 表示 $\boldsymbol{U}$ 除去第 k 列后剩下的矩阵，$\widetilde{\boldsymbol{A}}_k$ 表示 $\boldsymbol{A}$ 除去第 k 行后剩下的矩阵。逐个更新 $\boldsymbol{u}_k$ 的目标函数可有式(5.13)改写为

$$\langle \boldsymbol{u}_k{}^{*} \rangle = \arg\min_{\boldsymbol{u}_k} \left\{ f_4(\boldsymbol{u}_k) = \frac{1}{2} \| \boldsymbol{\phi}(\widetilde{\boldsymbol{X}}) - \boldsymbol{\phi}(\boldsymbol{D}_0) \boldsymbol{u}_k \boldsymbol{a}_k \|_{\mathrm{F}}^2 \right\}$$
$$\text{s.t.} \quad \| \boldsymbol{\phi}(\boldsymbol{D}_0) \boldsymbol{u}_k \|_2^2 = 1, \quad \forall k = 1, 2, \cdots, K \tag{6.14}$$

其中，$\boldsymbol{a}_k$ 表示 $\boldsymbol{A}$ 中的第 k 行向量。$f_4(\boldsymbol{u}_k)$对 $\boldsymbol{u}_k$ 的导数计算为

$$\frac{\partial f_4(\boldsymbol{u}_k)}{\partial \boldsymbol{u}_k} = - \boldsymbol{\phi}^{\mathrm{T}}(\boldsymbol{D}_0)(\boldsymbol{\phi}(\widetilde{\boldsymbol{X}}) - \boldsymbol{\phi}(\boldsymbol{D}_0) \boldsymbol{u}_k \boldsymbol{a}_k) \boldsymbol{a}_k^{\mathrm{T}} \tag{6.15}$$

令公式(6.15)等于零，则 $\boldsymbol{u}_k$ 的更新公式为

$$\boldsymbol{u}_k = (\boldsymbol{a}_k \boldsymbol{a}_k^{\mathrm{T}})^{-1} \boldsymbol{\kappa}^{-1}(\boldsymbol{D}_0, \boldsymbol{D}_0) \boldsymbol{\kappa}(\boldsymbol{D}_0, \widetilde{\boldsymbol{X}}) \boldsymbol{a}_k^{\mathrm{T}} \tag{6.16}$$

考虑到约束项$\| \boldsymbol{\phi}(\boldsymbol{D}_0) \boldsymbol{u}_k \|_2^2 = 1$，最终将 $\boldsymbol{u}_k$ 更新为

$$u_k^* = \frac{u_k}{\| \hat{u}_k \|_2} \tag{6.17}$$

其中，$\| \hat{u}_k \|_2 = \sqrt{u_k^{\mathrm{T}} \boldsymbol{\kappa}(D_0, D_0) u_k}$。此时，为了保持重建误差项和分类误差项的一致性，也同时更新 a_k 为 $a_k^* = a_k \| \hat{u}_k \|_2$，更新 W 为 $W^* = W / \| \hat{u}_k \|_2$。

基于以上 W，A 和 U 的优化求解方法，则可将整个 SCDKDL 模型的优化求解过程归纳如下：

1. 初始化表示矩阵 U 和编码系数矩阵 A；
2. 固定表示矩阵 U 和编码系数矩阵 A，求解分类器 W；
3. 固定表示矩阵 U 和分类器 W，求解编码系数矩阵 A；
4. 固定编码系数矩阵 A 和分类器 W，求解表示矩阵 U；
5. 重复步骤 2～4 直至得到最优的 U，A 和 W。

6.2.4 行为分类准则

假设给定一个测试行为视频 v_t，首先提取该视频序列的时序行为低秩特征 x_t。接着视频 v_t 的编码系数矩阵 a_t 可计算为

$$a_t = (U^{\mathrm{T}} \boldsymbol{\kappa}(D_0, D_0) U)^{-1} U^{\mathrm{T}} \boldsymbol{\kappa}(D_0, x_t) \tag{6.18}$$

然后将 a_t 池化为 $b_t = a_t^{\mathrm{T}} I_K$。最后行为分类准则定义如下：

$$identity(v_t) = \arg\max_i (l_i \in l = W b_t), \quad i = 1, 2, \cdots, C \tag{6.19}$$

即类别向量 l 中最大元素的位置为测试视频 v_t 所属的行为类别。

6.3 实验与分析

为了验证本章构建方法的有效性，在三个具有代表性的基准数据库 KTH、UCF Sports 和 HMDB51 上进行了实验分析，并与当前一些优秀的行为识别方法进行了对比。

6.3.1 实验设计

在提取视频序列的时序行为低秩特征时，RPCA 中的规则化参数设置与第 4 章相同，AEDH 描述算子中的参数设置与第 4 章保持一致。在划分视频子序列时，子序列重叠率 θ 及子序列个数 Q 在 KTH 上设置为 0.3 和 100，在 UCF Sports

上设置为 0.4 和 60，在 HMDB51 上设置为 0.4 和 80。此外为便于后续的字典学习，将单个低秩特征向量统一归一化为长度为 200 的特征向量(即 $P=200$)，字典原子数 K 设置为 1000。在 SCDKDL 模型中，参数 α，β 和 γ 分别设置为 0.25，0.1 和 0.3。在求解编码系数矩阵 $\boldsymbol{A}$ 时，步长 ρ 设置为 0.5，阈值 ε 和最大迭代次数分别设置为 0.001 和 30。

6.3.2　实验结果

1. KTH 数据库行为识别实验

本节在 KTH 数据库上的行为识别实验，采用了与 4.3.2 节中在 KTH 数据库上相同的留一法交叉验证方案。图 6.3(a)展示了本章构建方法在该数据库上获得的混淆矩阵。如图 6.3(a)所示，就整体而言，本章方法的识别率较第 3 章中使用不具时间信息的行为低秩特征的方法识别率更好，错分率更低。经过统计，本章方法在 KTH 数据上达到了 98.33%的识别率，较第 4 章中的方法提高了 1.01%。

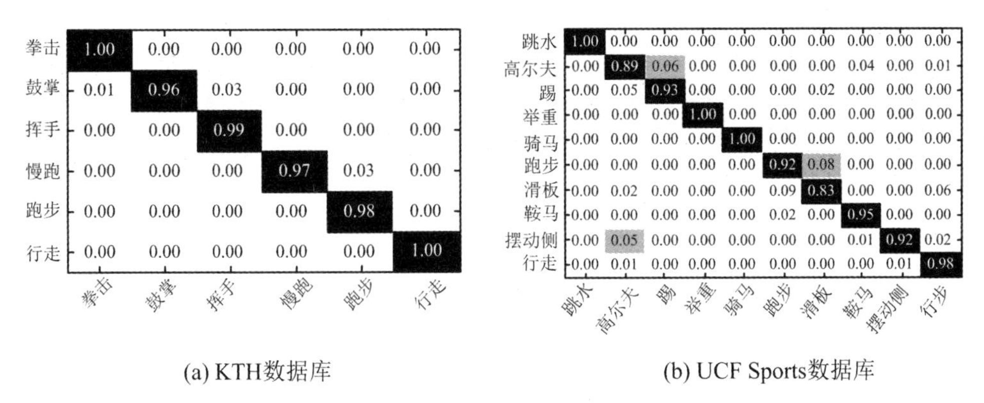

(a) KTH数据库　　(b) UCF Sports数据库

图 6.3　本章提方法在 KTH 和 UCF Sports 数据库上的混淆矩阵

2. UCF Sports 数据库行为识别实验

本节在 UCF Sports 数据库上的行为识别实验，采用了与 4.3.2 节中在 UCF Sports 数据库上相同的训练样本和测试样本划分方法以及相同的留一法交叉验证方案。图 6.3(b) 展示了本章构建方法在该数据库上获得的混淆矩阵。如图 6.3(b)所示，本章方法的识别率较第 4 章中的方法识别率更好，错分率更低。经过统计，本章方法在 UCF Sports 数据上达到了 94.67%的识别率。

3. HMDB51 数据库行为识别实验

本节在 HMDB51 数据库上的行为识别实验，采用了与 4.3.2 节中在 HMDB51

数据库上相同的训练样本和测试样本划分方法以及相同的实验验证方案。图 6.4 展示了展示了本章构建方法在该数据库上获得的混淆矩阵。经过统计，本章方法在 HMDB51 数据上达到了 52.16%的识别率。

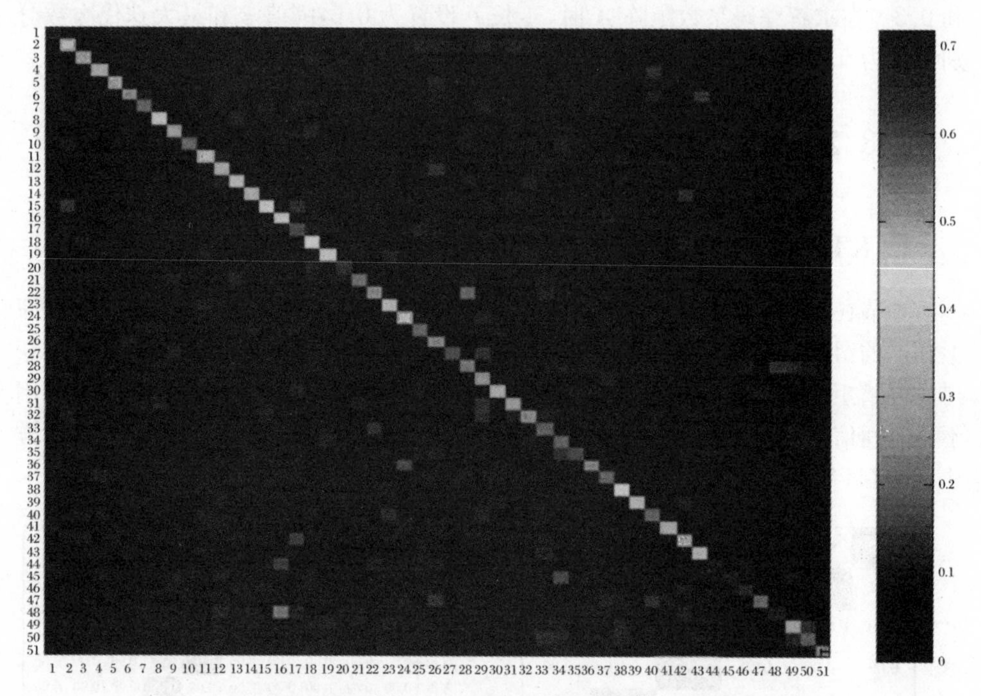

图 6.4　本章提方法在 HMDB51 数据库上的混淆矩阵

6.3.3　对比实验分析

为了全面评估本章构建方法的行为识别性能，进行了四组对比实验：一是对时序行为低秩特征中子序列重叠率的性能进行了对比分析；二是对 SCDKDL 模型中的相似性约束和核方法性能进行了评估；三是对比了本章构建方法与其他优秀方法在三个基准数据库上的识别性能；四是总结性地对比了基于低秩行为特征的几种行为识别方法。

1. 子序列重叠率的性能分析

在时序行为低秩特征的构成中，子序列的重叠率对低秩特征捕获视频序列间的时间信息非常关键。在这一组对比实验中，对比了不同重叠率对行为识别性能的影响。子序列的重叠率 θ 被允许在[0, 0.7]中取值，取值间隔为 0.1。其中当 $\theta=0$ 时为子序列没有重叠的情况，当 θ 取其他值时均为有重叠的情况。图 6.5 展示了不同重叠率 θ 在 KTH、UCF Sports 和 HMDB51 三个数据库上的识别性能比较结果。从图 6.5 中可以看到，在 KTH 上 $\theta=0.3$ 取得了最好的识别率，在 UCF Sports 和 HMDB51 上 $\theta=0.4$ 取得了最好的识别率。同时图 6.5 也说明了重叠率 θ 应该取值适中，过大或过小的重叠率都会影响到最终的行为识别性能。

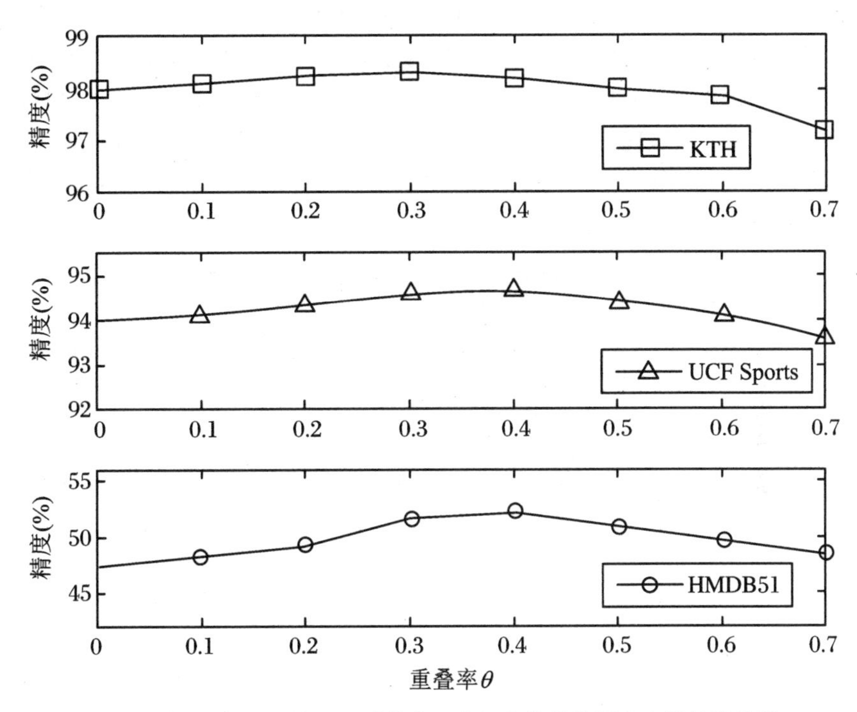

图 6.5　行为子序列的不同重叠率 θ 在三个基准数据库上的性能比较

2. SCDKDL 模型中各模块性能分析

在第二组对比试验中，分别将完整的 SCDKDL 模型与缺少相似性约束、缺少判别核方法和同时缺少两者的情况进行了对比分析。表 6.1 列出了各种情况下在三个数据库上的识别性能比较。如表 6.1 所示，完整的 SCDKDL 模型取得了最好的行为识别性能，这一实验结果表明了本章构建的相似性约束的判别核字典学习模型的有效性。

表 6.1　不同字典学习模型在三个数据库上的识别率(%)比较

字典学习模型	KTH	UCF Sports	HMDB51
无相似性约束	92.63	88.67	45.02
无核映射	95.51	90	46.27
两者都无	89.26	83.33	43.85
完整的 SCDKDL 模型	98.33	94.67	52.16

3. 综合行为识别性能对比

在第三组对比实验中，对比了本章构建方法和其他行为识别方法的识别性能。表6.2、表6.3和表6.4分别列出了在KTH、UCF Sports和HMDB51数据库上的对比结果。从这3个表中可以看到，本章构建的方法在KTH和UCF Sports上取得了最好的识别性能，在HMDB51上取得了具有竞争力的识别结果。同时较第4章构建的方法在三个数据库上，尤其是UCF Sports和HMDB51数据库上，识别率有一定程度的提升。这一实验结果表明了本章构建的基于时序行为低秩特征和字典学习的行为识别方法的有效性。

表6.2　不同方法在KTH数据库上的性能比较

方　法	识别率(%)
Zhu方法[180]	94.92
Xie方法[144]	87.3
Zhang方法[39]	95.6
Zhao方法[38]	92.12
Yuan方法[53]	95.49
Li方法[75]	96.33
Zhang方法[178]	93.8
Han方法[48]	95.17
Zhang方法[8]	95.98
本章方法	98.33

表6.3　不同方法在UCF Sports数据库上的性能比较

方　法	识别率(%)
Zhu方法[180]	84.33
Wang方法[63]	88.2
Zhang方法[39]	87.33
Yuan方法[53]	87.33
Wang方法[40]	90
Li方法[75]	92
Zhang方法[178]	86.7
Sheng方法[10]	87.33
Chen方法[6]	92.67
本章方法	94.67

表 6.4　不同方法在 HMDB51 数据库上的性能比较

方　法	识别率(%)
Kuehne 方法[15]	22.83
Kliper-Gross 方法[21]	29.2
Jiang 方法[64]	40.7
Liu 方法[17]	49.3
Wang 方法[65]	57.2
Li 方法[75]	29.6
Wu 方法[23]	47.1
Li 方法[166]	39.04
本章方法	52.16

4. 基于低秩行为特征的方法对比

在这组实验中，对比了基于低秩行为特征的几种行为识别方法。表 6.5 列出了 3 种行为识别方法在三个基准数据库上的识别率。从表 6.5 中可以看到，第 5 章构建的方法与第 6 章构建的方法较第 4 章的方法在识别性能上都有一定程度的提升。此外，第 5 章的方法具有更好的抗背景干扰能力，在复杂数据库 HMDB51 上取得了最好的识别性能。第 6 章的方法弥补了前两章方法未能捕获视频序列时间信息的不足，在 KTH 和 UCF Sports 数据库上取得了最好的识别性能，在 HMDB51 数据库上的识别性能不如第 4 章的方法。其原因可能是 KTH 和 UCF Sports 数据库中的行为类别数及行为复杂度相比 HMDB51 数据库都较为简单，这种情况下行为低秩特征已经能很好地去除背景信息，此时时间信息的加入将更有利于提高在这类数据库上的识别性能。而 HMDB51 数据库具有最多的行为类别和最复杂的行为及行为背景，这种情况下残留在行为低秩特征中的背景信息会相对较多，此时具有更强抗背景干扰能力的第 4 章方法便能取得更好的识别性能。

从总体来看，第 4 章利用“行为低秩特征 + AEDH”表达的方法打下了良好的基础；“行为低秩特征 + 部件学习”的方法和“时序低秩特征 + 字典学习”的方法各有优势，“行为低秩特征 + 部件学习”的方法更适合背景较为复杂的行为识别；“时序低秩特征 + 字典学习”的方法更适合时间信息更加重要的行为识别。

表 6.5　本书构建的几种行为识别方法识别率(%)比较

行为识别方法	KTH	UCF Sports	HMDB51
行为低秩特征 + AEDH(第 4 章方法)	97.32	92.67	49.71
行为低秩特征 + 部件学习(第 5 章方法)	97.83	93.33	53.21
时序低秩特征 + 字典学习(本章方法)	98.33	94.67	52.61

本 章 小 结

为了捕获视频序列的时间信息，本章在行为低秩特征的基础上，构建了运用时序行为低秩特征捕获视频序列中时间信息的方法。首先将整个视频序列按一定重叠率划分为多个行为子序列；然后分别提取每个子序列的行为低秩特征；最终按照时间顺序将所有子序列的行为低秩特征串联形成时序行为低秩特征。研究发现时序行为低秩特征更适合通过字典学习方法进行分类。为此对现有的字典学习方法进行了研究，并发现传统字典学习模型通常忽略了行为样本编码系数间的相似性问题，同时难以很好地处理非线性可分数据。为解决这些问题，本章构建了SCDKDL字典学习模型用于时序行为低秩特征的分类。在SCDKDL模型中定义了相似性约束，以促使来自相同类别的行为样本具有尽可能相似的编码系数，而分属不同类别的行为样本的编码系数差异尽可能大，进而训练出了性能更好的分类器；同时在该模型中引入了核映射方法增强了模型处理非线性可分数据的能力。在3个基准数据库上的实验结果，表明了本章构建的时序行为低秩特征和SCDKDL字典学习模型以及相应的行为识别方法的有效性。本章最后对比了基于行为低秩特征的几种行为识别方法，并分析了每种方法的特点和优势。

第7章　基于混合神经网络的人体行为识别

7.1　引　　言

近年来,深度神经网络被广泛应用于人体行为识别,并取得了不错的识别效果。常见的深度神经网络有3D卷积神经网络(convolutional neural network, CNN)[185]、循环神经网络(recurrent neural network, RNN)[186]和双流网络(two-stream convolutional networks)[187]等。

虽然3D卷积神经网络可以在没有预处理的情况下从原始数据中学习视频表示,但随着深度的不断增加,参数将大大增多,这将导致梯度爆炸[188]和梯度消失[189]。经过持续改进的3D卷积神经网络[190]可以在一定程度上解决丰富参数带来的问题,但对于长距离建模仍然无效。长短期记忆网络(long short-term memory, LSTM)[191]是一种时间循环神经网络,其记忆单元和门控制结构有助于有效地提取时间序列信息,但其对像素级信息的提取不足。因此,上述神经网络均没有考虑静态特征和动态特征之间的交互问题。研究表明,人体行为的静态特征和动态特征的交互对于行为识别结果是至关重要的,这意味着人体行为的长距离建模可能会在很大程度上提升行为识别性能。然而,传统的双流卷积神经网络的架构仅包含5个卷积层和3个全连接层,这使得卷积网络(ConvNet)缺乏长距离建模能力[192],无法处理大量复杂的人体行为。

针对上述问题,本章利用混合神经网络构建了一种新颖的双流网络,通过融合人体行为的静态和动态特征并采用ResNet-101作为基本架构来识别人体行为。在该双流网络中使用CoT块[193]替换残差网络(ResNet)架构中的每个3×3的卷积层,同时利用LSTM网络捕获多帧密集光流中的时间序列信息[194]。所构建的混合神经网络双流模型通过构建有效的行为表示,对处理复杂的人体行为识别问题具有良好效果。针对网络学习过程中容易出现的过拟合问题,本章方法首先在包含有数千个数据的ImageNet数据库[195]上训练双流模型,以获得训练参数。然后,将这些参数用于初始化双流模型,以增加数据的多样性,并通过随机对行为视频中的帧集进行无序化处理以进一步提高识别准确性。本章方法可以在 UCF101 数据库和 HMDB51 数据库上获得有竞争力的识别性能。

7.2 相关研究

7.2.1 图像识别中的自注意力机制

近年来，transfromer 模型在各类图像识别任务中取得了令人瞩目的成绩，其中自注意力机制起到了重要作用，鉴于此，研究人员开始更加注重视觉场景中的自注意力机制。自然语言处理(natural language processing，NLP)领域[196]中的原始自我注意机制旨在捕获序列建模中的长距离依赖性。在视觉领域[197]中，将自注意力机制从 NLP 转移到计算机视觉(computer vision，CV)的简单方法是直接在图像内不同空间位置的特征向量上执行自我注意。非局部操作[198]是在卷积神经网络中探索自注意力机制早期的尝试之一，它作为额外的构建模块，将自注意力机制应用于卷积层的输出上。在特征图的局部区域使用自注意力机制，相比在整个扩展性较差的特征图[199]上使用全局自注意力机制[200]，能更有效地限制网络的参数和计算消耗，从而可以完全取代整个深度架构的卷积计算。

7.2.2 基于深度学习的人体行为识别

由于基于 ConvNet 的图像识别任务取得了巨大进展，ConvNet 在很大程度上推动了视频序列中人体行为识别的发展。为了更有效地分析视频中的人体行为，Ji 等人[203]将 2D ConvNet 扩展为 3D ConvNet，以便在相对较小的数据集上进行基于视频的行为识别。类似地，Taylor 等人[204]使用 3D 卷积受限玻尔兹曼机(restricted Boltzmann machines，RBMs)来学习无监督的时空行为特征。Karpathy 等人[205]使用一个名为 Sports-1M 的大型数据集在大规模视频分类上评估了几个深度 ConvNet。然而，这些模型没能很好地捕获运动信息，与传统方法表示相比，它们未能很好地提升行为识别性能。为了明确地表征人体运动模式，Simonyan 和 Zisserman[206]设计了由空间和时间流组成的双流卷积神经网路结构，其中空间网络主要利用视频帧作为输入来捕捉人体行为的外观特征，而时间网络则利用两个连续帧之间的光流来学习有效的人体行为运动特征，基于这种机制，双流 ConvNet 最终可以达到了很高的识别性能。随后，Wang 等人[207]又提出运用基于双流语义区域的卷积神经网络来完成更复杂的人体行为识别。

然而,当前这些深度模型由于受到模型深度的限制,其建模能力并不理想。本章构建了一种基于卷积神进网络和 LSTM 以及多头注意力机制结合的混合神经网络的识别方法。相对现有方法,它具有更好的特征提取充分性和人体行为识别精度。

7.3　方法概述

7.3.1　混合神经网络

卷积神经网络已在图像识别等领域兴起,它可以极好地对图像中的信息进行提取。运用卷积神经网络对视频中人体行为的表观信息和运行信息的提取具有极佳的优势。但是相较于图像,视频序列具有时间维度特征,在处理时间维度信息时卷积神经网络不能有效地提取其时序特征。循环神经网络由于其独特的记忆性从而可以有效地提取上下文的关系来达到提取时间序列的目的,但是循环神经网络在提取长时间序列时可能发生梯度消失或者梯度爆炸。改进的循环神经网络 LSTM 增加了遗忘门,从而有效地解决了梯度消失和梯度爆炸问题,但是在提取场景信息和运动信息时容易引起参数量的增加。

本章结合卷积神经网络和 LSTM 网络的优势,构建了一种混合神经网络用于人体行为识别,其整体架构如图 7.1 所示。该网络充分利用了卷积神经网络的局部感受野、权值共享以及时间或空间亚采样的特征提取方式,注意力机制的长距离建模能力以及通过静态和动态上下文的融合来表达特征之间的交互作用,循环神经网络的 LSTM 结构可以很好地提取运动信息之外的时间序列信息。将以上神经网络结构进行深度融合以达到充分地提取视频序列的场景信息、运动信息和时间序列信息的目的,进而形成优于任何单一网络结构的识别精度和鲁棒性。通过以上训练的神经网络模型可以用于复杂场景的人体行为的识别。

为避免混合神经网络深度加深可能带来梯度消失或爆炸的问题,本章方法采用残差网络结构,并在其中加入自注意力模块,以进一步增加模型的行为表达能力。

残差网络[208]不是希望每个堆叠层直接适合所需的底层映射,而是利用短连接,使信息能够在没有衰减的情况下跨层流动,并允许极深的网络结构高达数百层,而这正是设计更深的双流卷积神经网络所需要的。在 ResNet 中,构建基块定义为

$$\boldsymbol{y} = F(\boldsymbol{x}, w_i) + \boldsymbol{x} \tag{7.1}$$

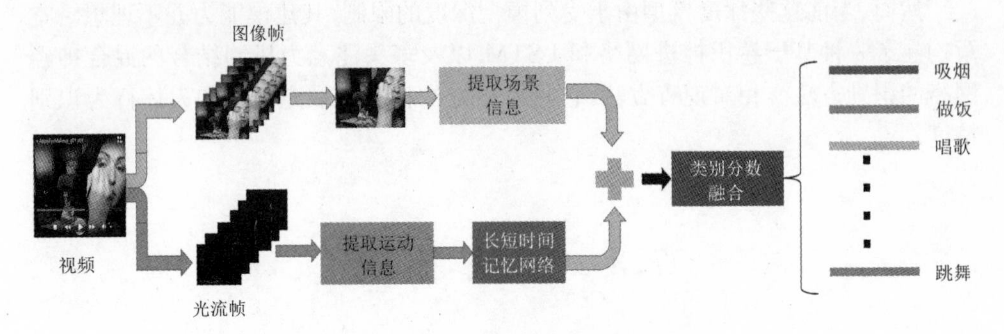

图 7.1　混合神经网路整体框架

其中，$\boldsymbol{x}$ 和 $\boldsymbol{y}$ 为考虑层的输入和输出向量，w_i 为第 i 层的权值。函数 $F(\boldsymbol{x}, w_i)$ 表示要学习的残差映射。在这个过程中，本章方法用图 7.2 中右图所示的自注意力块(CoT 块)替换了原本的 3×3 的卷积。

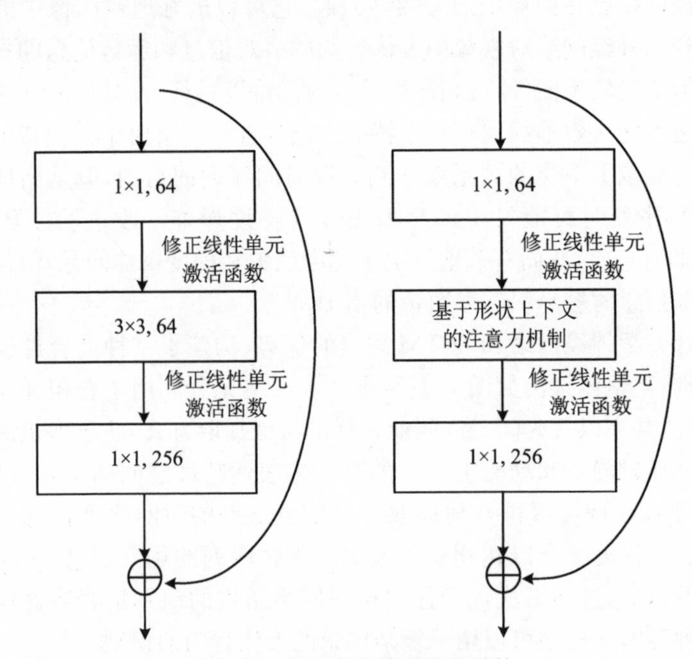

图 7.2　自注意力块的残差结构

自注意力块的概况如图 7.3 所示。对于同一个输入 2D 特征映射 $\boldsymbol{X} \in \mathbb{R}^{H \times W \times C}$，关键字、查询和结果分别定义为 $\boldsymbol{K} = \boldsymbol{X}$，$\boldsymbol{Q} = \boldsymbol{X}$ 和 $\boldsymbol{V} = \boldsymbol{X}\boldsymbol{W}_v$。CoT 块首先对 $k \times k$ 网格内的所有相邻关键字进行 $k \times k$ 的分组卷积，以便表达出每个关键字的上下文信息。学习到关键字的上下文信息后，$\boldsymbol{K}^1 \in \mathbb{R}^{H \times W \times C}$ 作为输入 $\boldsymbol{X}$ 的静态上下文表示，自然地反映了本地邻域关键字之间的静态上下文信息。然后 $\boldsymbol{K}^1$ 和 $\boldsymbol{Q}$ 进行拼接，通过两个连续的 1×1 卷积获得注意力矩阵，其中，$\boldsymbol{W}_\theta$ 带有 ReLU 激活函数，$\boldsymbol{W}_\delta$ 则不带激活函数。

$$W = [K^1, Q] W_\theta W_\delta \tag{7.2}$$

该结构中 W 的每个空间位置的局部矩阵是基于查询特征和上下文的关键字特征来学习的，而不是孤立的查询关键字对。这种方法在挖掘出的静态上下文 K^1 的附加引导下，增强了自注意力学习能力。接下来，计算特征图 K^2 来捕捉输入之间的动态特征交互。因此，自注意力块的最终输出被测量为静态上下文 K^1 和动态上下文 K^2 的融合。

$$K^2 = V \times W \tag{7.3}$$

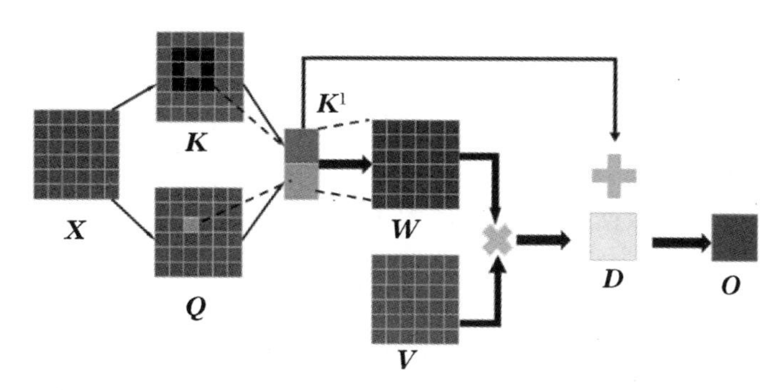

图 7.3　CoT 块的结构

LSTM[191] 的概述如图 7.4 所示。LSTM 作为一种特殊的 RNN 结构已被证明是稳定而强大的，可以对长距离依赖关系进行建模。LSTM 的主要创新是其记忆单元，它本质上是状态信息的累加器。LSTM 中有主要的三个门：输入门、遗忘门和输出门，关键方程如下所示：

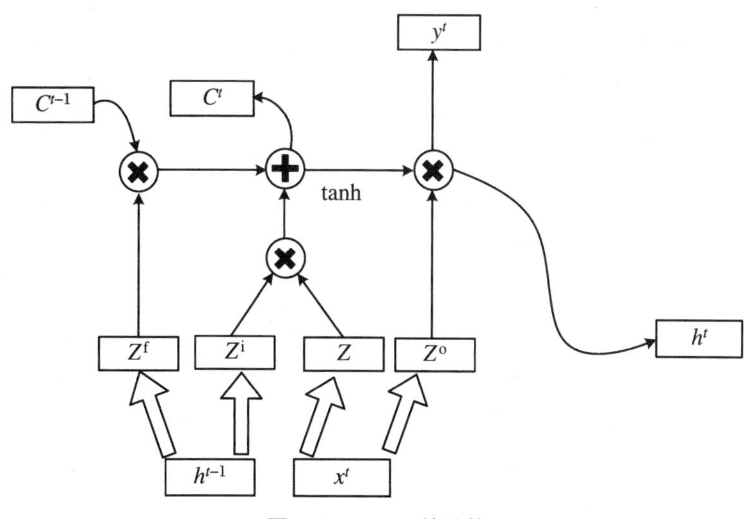

图 7.4　LSTM 的结构

$$Z = \tanh(W_C \times [h_{t-1}, x_t] + b_i) \tag{7.4}$$

$$Z^i = \sigma(W_i \times [h_{t-1}, x_t] + b_i) \tag{7.5}$$

$$Z^{\mathrm{f}} = \sigma(W_{\mathrm{f}} \times [h_{t-1}, x_t]) + b_{\mathrm{f}} \tag{7.6}$$

$$Z^{\mathrm{o}} = \sigma(W_{\mathrm{o}} \times [h_{t-1}, x_t]) + b_{\mathrm{o}} \tag{7.7}$$

$$C^t = Z^{\mathrm{f}} \times C^{t-1} + Z^i \times Z \tag{7.8}$$

$$h^t = Z^{\mathrm{o}} \times \tanh(C^t) \tag{7.9}$$

$$y^t = W^t h^t \tag{7.10}$$

这里，x_t是当前数据的输入，h_{t-1}是最后的数据输入，Z 是更新细胞，Z^{i}是输入门，Z^{f}是遗忘门，Z^{o}是输出门，C^t是它的记忆单元，h^t是最终状态，y^t是它的输出，σ 为 sigmoid 函数。

7.3.2 网络训练

由于现有的行为数据集很小，因此无法训练更深层次的双流网络，同时避免过拟合问题。本节探讨了一些有益的实践方法，以使静态和动态特征融合的双流网络的训练保持稳定，并减少过拟合的影响。

权重转移：目前用于行为识别的基准数据集主要来自日常生活，包括仅包含人体运动的独立人体行为（如“婴儿爬行”）以及涉及特定对象的人物交互行为（如“弹吉他”）。在人机交互中，行为识别是一种高层次的视觉线索，其背景比较复杂。在 ImageNet 数据库上训练的模型可以看作是对对象类别的中级理解。调查发现 ImageNet 数据库和 UCF101 数据库之间存在“共通性”，这种内在联系启发笔者在 ImageNet 上进行训练，并获得训练前的权重参数。在此过程中，预训练权重参数将初始化混合神经网络。

(a) 独立人体行为

(b) 人物交互行为

图 7.5 独立人体行为和人物交互行为的样本帧

7.3.3 数据增强

与二维图像数据不同，视频是三维数据，具有可变的时间信息。因此，要利用卷积神经网络进行视频中的人体行为识别，通常需要进行预处理。在原始的双流卷积神经网络中，根据相同的间隔来抽取帧并通过提取这些帧之间的光流场来提取运动信息。但是，连续帧之间的数据冗余将导致行动识别的判别能力不足。考虑到仅裁剪图像中心的显著区域，在所构建的模型中，本节引入了数据增强方法，以改善数据多样性。使用 256 ×256 的固定帧大小，每帧都会进行内容的随机擦除。将裁剪区域的大小调整为 224 × 224 并水平翻转后，构建的模型训练有 10 个输入。这种增强方案大大改善了输入数据的多样性，有助于摆脱过拟合的问题。

7.4　实验与分析

7.4.1　实验设计

网络输入：在本章网络中，空间网络以 RGB 图像作为输入。时间网络则采用 20 帧光流图像来捕获其运动和时间序列信息。一些图像帧样本和相应的光流场如图 7.6 所示，从图中可以发现一个人体行为可以在背景中产生清晰的流动痕迹。然后，执行数据增强以生成更多训练样本。

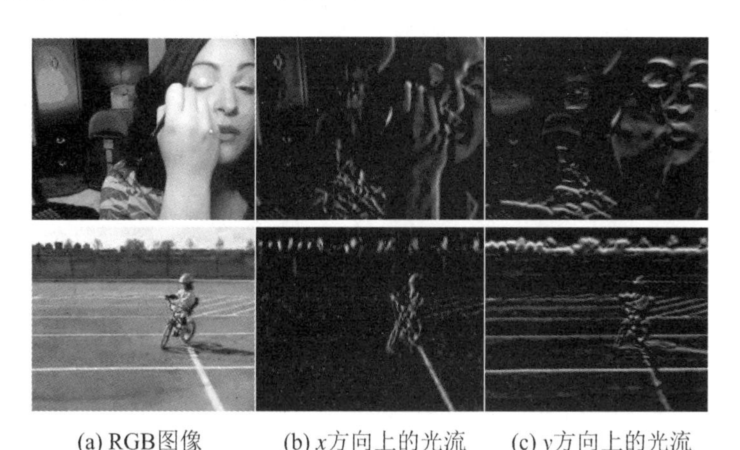

图 7.6　视频帧及其相应的光流场示例

无序策略：为了评估无序策略，分别使用原始数据集和本章使用的无序数据集测试了混合神经网络。如图 7.7 所示，本章的无序策略可以有效提高模型的人体行为识别性能。

网络训练：网络模型训练中随机梯度下降(stochastic gradient descent，SGD)操作的最小区域大小设置为 64，动量设置为 0.9，学习率初始化为 0.001，最大迭代次数设置为 500。当迭代次数为 450 时,学习率将降低到 0.0001。

在 UCF101 数据集和 HMDB51 数据集上对模型进行验证。实验在配备 16 GB RAM,3.40 GHz CPU,NVIDIA A40 GPU 和 Windows 操作系统的 PC 上进行。算法框架由 PyTorch 实现,由 CUDA 10.0 加速本章使用的无序训练数据集来训练网络模型,并在测试数据集上来评估本章构建的模型的性能。

7.4.2 实验结果

1. 数据增强与否识别性能对比

本节首先比较了两个训练设置的识别性能。① 原始双流卷积神经网络中的基本设置:固定大小的裁剪并进行随机翻转。② 数据增强,如 7.3.3 节中所述。结果如图 7.7 所示,从图中可以看出数据增强方法的性能优于基本设置(UCF101 数据库为 97.3%对 95%,HMDB51 数据库为 78.5%对 75%),证明了数据增强对网络训练的良好效果。

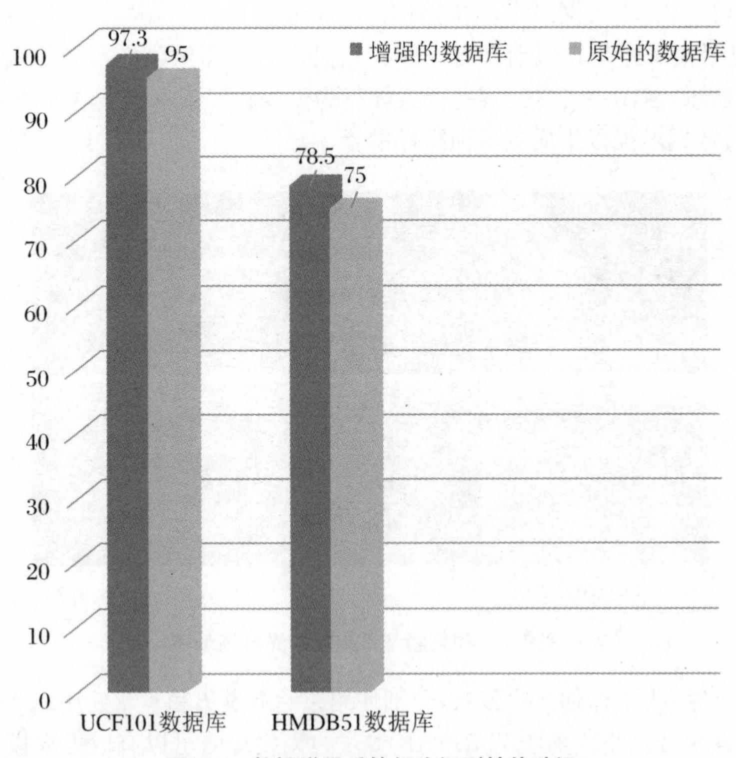

图 7.7 数据增强后的行为识别性能验证

2. 与传统行为描述方法识别性能对比

在 UCF101 数据库上对本章构建网络模型与传统行为描述方法(HOG、HOF、MBH)进行性能对比。如表 7.1 所示,本章构建的网络模型相比传统方法具有更优的行为识别性能。

表 7.1 本章构建模型与传统方法在 UCF101 数据库上的性能比较

传统算法	识别率(%)
HOG[209]	72.4
HOF[210]	76.0
MBH[210]	80.8
HOF + MBH[210]	82.2
IDT[209]	84.7
本章方法	97.3

3. 与其他相关优秀方法识别性能对比

在 UCF101 数据库和 HMDB51 数据库上,将本章方法与其他相关优秀方法进行对比,其他方法包括双流 CNN、Temporal Seg. Net、Two Stream + LSTM、L2LSTM。同时,也选择了一些基于 3D ConvNet 的方法,包括 C3D + IDT、Temporal 3D CNN。对比结果如表 7.2 所示,从表中可以看出,本章方法在两个数据库上获得了比其他方法更好的识别性能,本章方法在 UCF101 数据库上的准确率为 97.3%,分别比双流 CNN、Temporal Seg. Net、Two Stream + LSTM、L2LSTM、C3D + IDT 和 Temporal 3D CNN 高出 9.3%、3.1%、8.7%、3.7%、6.9%和 4.1%。此外,还注意本章方法优于原来的双流 ConvNet。本章方法在 HMDB51 数据库上实现了 78.5%的准确率,优于双流 CNN、Temporal Seg. Net、L2LSTM、Temporal 3D CNN,精度分别提升了 19.1%、9.1%、12.4%和 15.0%。结果表明,本章方法相比其他相关方法具有更好的行为识别性能。

表 7.2 流光动作的识别率(%)比较

方 法	UCF101	HMDB51
双流 CNN[211]	88.0	59.4
Temporal Seg. Net[212]	94.2	69.4
Two Stream + LSTM[213]	88.6	—

续表

方 法	UCF101	HMDB51
L2LSTM[214]	93.6	66.2
C3D + IDT[215]	90.4	—
Temporal 3D CNN[216]	93.2	63.5
本章方法	97.3	78.5

4. 处理过程结果可视化

为更加直观地观察到本章构建的混合神经网络对行为数据的处理过程，选择UCF101数据库中不同行为类别的一些视频帧（例如“apply eye makeup”“basketball”“cricket shot”和“fencing”），将它们分别送入到混合神经网络中，然后观察过程处理结果。

可视化结果如图7.8所示。从可视化结果中可以看出，全连接的类激活映射相对集与人体运动和场景区域表现出高度相关性。这表明所构建的混合神经网络模型具有更好的行为建模能力。

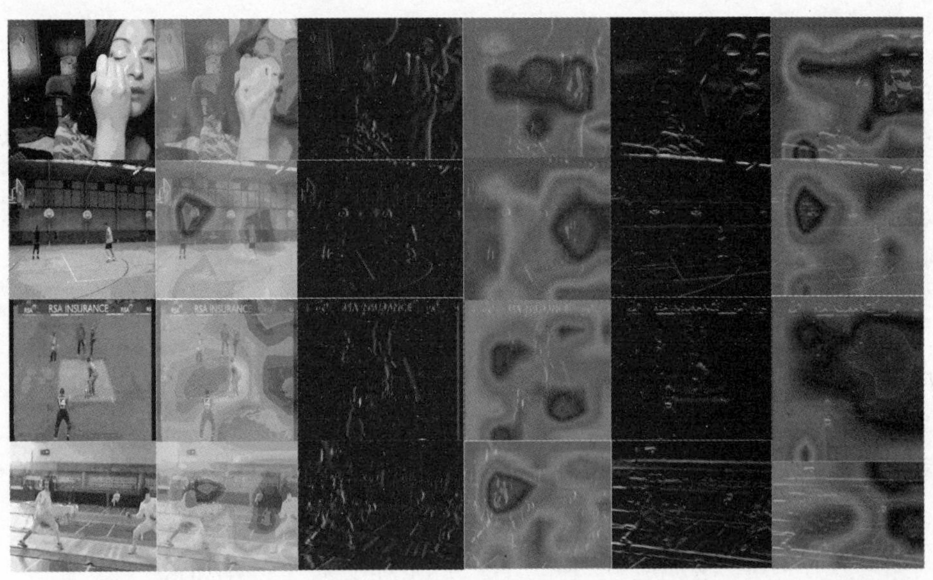

(a) RGB图像　(b) 空间图像的类激活函数　(c) x方向上的光流　(d) x方向上的光流的类激活函数　(e) y方向上的光流　(f) y方向上的光流的类激活函数

图7.8　处理过程结果可视化结果

本章小结

本章构建了一种融合静态和动态特征的新型混合神经网络结构。① 通过卷积神经网络提取原始特征图(单帧光流场)并进行采样以获得新的特征映射;② 这些特征图通过 3×3 卷积提取,从而获取特征的静态表示;③ 将这些静态特征与输入特征图进一步连接起来,并通过两个连续的 1×1 卷积来学习动态注意力矩阵;④ 将学习到的注意力矩阵乘以输入特征图,以实现特征图的动态表示,之后将静态和动态表示的相互作用作为输出;⑤ 最后利用长短期记忆捕获多帧光流中的时间序列信息。

为进一步增强行为识别性能,对行为数据进行了增强处理,以克服网络模型训练中带来的过度拟合现象。实验表明,本章方法能够有效表达人体行为的静态和动态特征的交互作用,具有比其他相关方法更优的行为识别性能。

参 考 文 献

[1] Lipton A, Kanade T, Fujiyoshi H, et al. A system for video surveillance and monitoring [M]. Pittsburg: Carnegie Mellon University, the Robotics Institute, 2000.

[2] Haritaoglu I, Harwood D, Davis L S. W4: real-time surveillance of people and theiractivities [J]. IEEE Transactions on Pattern Analysis and Machine Intelligence, 2000, 22(8): 809-830.

[3] Baumberg A, Hogg D. Learning deformable models for tracking the human body [M]// Motion-Based Recognition. New York: Springer Netherlands, 1997: 39-60.

[4] 徐光祐，曹媛媛. 动作识别与行为理解综述[J]. 中国图像图形学报，2009，14(2): 189-195.

[5] 李瑞峰，王亮亮，王珂. 人体动作行为识别研究综述[J]. 模式识别与人工智能，2014，27(1): 35-48.

[6] Chen M, Gong L Y, Wang T J, et al. Action recognition using lie algebrized Gaussians over dense local spatio-temporal features [J]. Multimedia Tools and Applications, 2015, 74(6): 2127-2142.

[7] Samanta S, Chanda B. Space-time facet model for human activity classification [J]. IEEE Transactions on Multimedia, 2014, 166: 1525-1535.

[8] Zhang Z, Wang C H, Xiao B H, et al. Robust relative attributes for human action recognition [J]. Pattern Analysis and Applications, 2015, 18(1): 157-171.

[9] Liu J G, Yang Y, Saleemi I, et al. Learning semantic features for action recognition via diffusion maps [J]. Computer. Vision and Image Underst anding, 2012, 116(3): 361-377.

[10] Sheng B Y, Yang W K, Sun C Y. Action recognition using direction-dependent feature pairs and non-negative low rank sparse model [J]. Neurocomputing, 2015, 158: 73-80.

[11] Kittler J, Ballette M, Christmas W J. Fusion of multiple cue detectors for automatic sports video annotation [C]// Proceedings of Workshop on Structural, Syntactic and Statistical Pattern Recognition, 2002: 597-606.

[12] Tjondronegoro D, Chen Y P, Pham B. Content-based video indexing for sports applications using integrated multi-modal approach [C]// Proceedings of the 13th Annual ACM International Conference on Multimedia, 2005: 1035-036.

[13] Nijholt A. Meetings, gatherings, and events in smart environments[C]// Proceedings of ACM SIGGRAPH International Conference on Virtual Reality Continuum and its Applications in Industry, 2004: 229-232.

[14] Aggarwal J K, Ryoo M S. Human activity analysis: a review[J]. ACM Computing Surveys, 2011, 43(3): 1-16.

[15] Kuehne H, Jhuang H, Garrote E, et al. HMDB: a large video database for human motion recognition[C]// IEEE International Conference on Computer Vision, 2011: 2556-2563.

[16] 杜友田，陈峰，徐文立，等. 基于视觉的人的运动识别综述[J]. 电子学报，2007(1): 84-90.

[17] Liu L, Shao L, Zhen X T, et al. Learning discriminative key poses for action recognition[J]. IEEE transactions on cybernetics, 2013, 436: 1860-1870.

[18] 胡琼，秦磊，黄庆明. 基于视觉的人体动作识别综述[J]. 计算机学报，2013(12): 2512-2524.

[19] Kovashka A, Grauman K. Learning a hierarchy of discriminative space-time neighborhood features for human action recognition [C]// IEEE International Conference on Computer Vision and Pattern Recognition, 2010: 2046-2053.

[20] 王亮. 基于判别模式学习的人体行为识别方法研究[D]. 哈尔滨:哈尔滨工业大学，2011.

[21] Kliper-Gross O, Gurovich Y, Hassner T, et al. Motion interchange patterns for action recognition in unconstrained videos[C]// European Conference on Computer Vision, 2012: 256-269.

[22] 谷军霞，丁晓青，王生进. 基于人体行为3D模型的2D行为识别[J]. 自动化学报，2010(1): 46-53.

[23] Wu J Z, Hu D W, Chen F L. Action recognition by hidden temporal models [J]. Visual Computer, 2014, 30: 1395-1404.

[24] Johansson G. Visual-perception of biological motion and a model for its analysis[J]. Perception and Psychophysics, 1973, 14(2): 201-211.

[25] Goddard N H. The interpretation of visual motion: recognizing moving light displays [C]// Proceedings of IEEE Workshop on Visual Motion, Irvine, CA, 1989: 212-220.

[26] Guo Y, Xu G, Tsuji S. Understanding human motion patterns[C]// Proceedings of 12th IEEE International Conference on Pattern Recognition, Jerusalem, 1994: 325-329.

[27] Brand M, Oliver N, Pentland A. Coupled hidden Markov models for complex action recognition[C]// Proceedings of 1997 IEEE International Conference on Computer Vision and Pattern Recognition, San Juan, 1997: 994-999.

[28] Ramanan D, Forsyth D A. Automatic annotation of everyday movements [C]// Proceedings of 17th Annual Conference on Neural Information Processing Systems, Canada, 2004: 1547-1554.

[29] Felzenszwalb P, McAllester D, Ramanan D. A discriminatively trained, multiscale, deformable part model[C]. Proceedings of 2008 IEEE International Conference on Computer Vision and Pattern Recognition, Anchorage, AK, 2008: 1-8.

[30] Cho H, Rybsk P E, Bar-Hillel A, et al. Real-time pedestrian detection with deformable part models[C]// Proceedings of 2012 IEEE Intelligent Vehicles Symposium, Alcal de

Henares，Madrid，Spain，2012：1035-1042.

[31] Menier C，Boyer E，Raffin B. 3D skeleton-based body pose recovery[C]// Proceedings of the 3rd International Symposium on 3D Data Processing，Visualization，and Transmission，Chapel Hill，NC，2006:389-396.

[32] Marr D，Vaina L. Representation and recognition of the movement of shapes[C]// Proceedings of the Royal Society of London，Series B，Biological Sciences，1982：501-524.

[33] Zhang Z Y. Microsoft Kinect sensor and its effect[J]. IEEE MultiMedia，2012，19(2)：4-10.

[34] Xia L，Chen C，Aggarwal J K. Human detection using depth information by Kinect [C]// Proceedings of 2011 IEEE International Conference on Computer Vision and Pattern Recognition Workshops，Colorado Springs，CO，2011：15-22.

[35] Ye M，Wang X W，Yang R G，et al. Accurate 3D pose estimation from a single depth image[C]// Proceedings of 2011 IEEE International Conference on Computer Vision，Barcelona，Spain，2011：731-738.

[36] 申晓霞，张桦，高赞，等. 基于深度信息和RGB图像的行为识别算法[J]. 模式识别与人工智能，2013，(08)：722-728.

[37] Wu X X，Xu D，Duan L X，et al. Action recognition using context and appearance distribution features[C]// IEEE International Conference on Computer Vision and Pattern Recognition，2011：489-496.

[38] Zhao D J，Shao L，Zhen X T，et al. Combining appearance and structural features for human action recognition[J]. Neurocomputing，2013，113：88-96.

[39] Zhang Z，Wang C H，Xiao B H，et al. Action recognition using context-constrained linear coding[J]. IEEE Signal Processing. Letters，2012，19(7)：439-442.

[40] Wang C Y，Wang Y Z，Yuille A L. An approach to pose-based action recognition[C]// IEEE International Conference on Computer Vision and Pattern Recognition，2013：915-922.

[41] Bobick A F，Davis J W. The recognition of human movement using temporal templates [J]. IEEE Transactions on Pattern Analysis and Machine Intelligence，2001，23(3)：257-267.

[42] Weinland D，Ronfard R，Boyer E. Free viewpoint action recognition using motion history volumes[J]. Computer Vision and Image Understanding，2006，104(2/3)：249-257.

[43] Gorelick L，Blank M，Shechtman E，et al. Actions as space-time shapes[J]. IEEE Transactions on Pattern Analysis and Machine Intelligence，2007，29(12)：2247-2253.

[44] 谌先敢，刘娟，高智勇，等. 基于累积边缘图像的现实人体动作识别[J]. 自动化学报，2012(8)：1380-1384.

[45] 蔡加欣，冯国灿，汤鑫，等. 基于局部轮廓和随机森林的人体行为识别[J]. 光学学报，2014(10)：212-221.

[46] Zhang Z M，Hu Y Q，Chan S，et al. Motion context：a new representation for human

action recognition[C]// Proceedings of 2008 European Conference on Computer Vision, 2008: 817-829.

[47] Sminchisescu C, Kanaujia A, Metaxas D. Conditional models for contextual human motion recognition[J]. Computer Vision and Image Understanding, 2006, 104(2-3): 210-220.

[48] Han H, Li X J. Human action recognition with sparse geometric features[J]. The Imaging Science Journal, 2015, 63(1): 45-52.

[49] Polana R, Nelson R. Low level recognition of human motion (or how to get your man without finding his body parts)[C]// Proceedings of the Workshop on Motion of Non-Rigid and Articulated Objects, Austin, United States, 1994: 77-82.

[50] Efros A A, Berg A C, Mori G, et al. Recognizing action at a distance[C]// Proceedings of 9th IEEE International Conference on Computer Vision, Nice, France, 2003: 726-733.

[51] Mahbub U, Imtiaz H, Rahman Ahad M A. An optical flow based approach for action recognition[C]// Proceedings of 2011 International Conference on Computer Vision and Pattern Recognition, Colorado Springs, CO, 2011: 646-651.

[52] Thurau C, Hlavac V. Pose primitive based human action recognition in videos or still images[C]// Proceedings of 2008 IEEE International Conference on Computer Vision and Pattern Recognition, Anchorage, AK, 2008: 2955-2962.

[53] Yuan C F, Li X, Hu W M, et al. 3D R transform on spatio-temporal interest points for action recognition[C]// IEEE International Conference on Computer Vision and Pattern Recognition, 2013: 724-730.

[54] Laptev I. On space-time interest points[J]. International Journal of Computer Vision, 2005, 64(2/3): 107-123.

[55] Dollar P, Rabaud V, Cottrell G, et al. Behavior recognition via sparse spatio-temporal features[C]// Proceedings of 2nd Joint IEEE International Workshop on Visual Surveillance and Performance Evaluation of Tracking and Surveillance, 2005: 65-72.

[56] Liu J G, Luo J B, Shah M. Recognizing realistic actions from videos "in the wild"[C]// Proceedings of 2009 IEEE International Conference on Computer Vision and Pattern Recognition, Miami, FL, 2009:1996-2003.

[57] Niebles J C, Chen C, Li F F. Modeling temporal structure of decomposable motion segments for activity classification[C]// Proceedings of 11th European Conference on Computer Vision, Heraklion, Crete, Greece, 2010: 1-14.

[58] Wang H, Ullah M M, Klaser A, et al. Evaluation of local spatio-temporal features for action recognition[C]// Proceedings of 20th British Machine Vision Conference, London, United Kingdom, 2009: 1-11.

[59] Rapantzikos K, Avrithis Y, Kollias S. Dense saliency-based spatiotemporal feature points for action recognition[C]// Proceedings of 2009 IEEE International Conference on Computer Vision and Pattern Recognition, Miami, FL, 2009: 1454-1461.

[60] Gilbert A, Illingworth J, Bowden R. Fast realistic multi-action recognition using mined

dense spatio-temporal features[C]// Proceedings of 12th IEEE International Conference on Computer Vision, Kyoto, Japan, 2009: 925-931.

[61] Willems G, Tuytelaars T, Van G L. An efficient dense and scale-invariant spatio-temporal interest point detector[C]// Proceedings of 10th European Conference on Computer Vision, Marseille, France, 2008: 650-663.

[62] Yu J, Jeon M, Pedrycz W. Weighted feature trajectories and concatenated bag-of-features for action recognition[J]. Neurocomputing, 2014, 131: 200-207.

[63] Wang H, Klaser A, Schmid C, et al. Action recognition by dense trajectories[C]// IEEE International Conference on Computer Vision and Pattern Recognition, 2011: 3169-3176.

[64] Jiang Y G, Dai Q, Xue X, et al. Trajectory based modeling of human actions with motion reference points[C]// European Conference on Computer Vision, 2012: 425-438.

[65] Wang H, Schmid C. Action recognition with improved trajectories[C]// IEEE International Conference on Computer Vision, 2013: 3551-3558.

[66] Jurie F, Triggs B. Creating efficient codebooks for visual recognition[C]// Proceedings of 10th IEEE International Conference on Computer Vision, Beijing, China, 2005: 604-610.

[67] 王宇新，郭禾，何昌钦，等. 用于图像场景分类的空间视觉词袋模型[J]. 计算机科学，2011(8): 265-268.

[68] Laptev I., Marszalek M, Schmid C, et al. Learning realistic human actions from movies[C]// Proceedings of 2008 IEEE International Conference on Computer Vision and Pattern Recognition, Anchorage, AK, 2008: 3222-3229.

[69] Wang H, Klaser A, Schmid C, et al. Dense trajectories and motion boundary descriptors for action recognition[J]. International Journal of Computer Vision, 2013, 103(1): 60-79.

[70] Dalal N, Triggs B, Schmid C. Human detection using oriented histograms of flow and appearance[C]// Proceedings of 9th European Conference on Computer Vision, 2006: 428-441.

[71] Scovanner P, Ali S, Shah M. A 3-dimensional SIFT descriptor and its application to action recognition[C]// Proceedings of the 15th ACM International Conference on Multimedia, 2007: 357-360.

[72] Klaser A, Marszalek M, Schmid C. A spatio-temporal descriptor based on 3D-gradients[C]// Proceedings of the British Machine Vision Conference, 2008.

[73] Kanungo T, Mount D M, Netanyahu N S, et al. An efficient K-means clustering algorithm: analysis and implementation[C]// IEEE Transactions on Pattern Analysis and Machine Intelligence, 2002, 24(7): 881-892.

[74] Stauffer C, Grimson W E L. Adaptive background mixture models for real-time tracking[C]// Proceedings of 1999 IEEE International Conference on Computer Vision and Pattern Recognition, Fort Collins, CO, 1999: 246-252.

[75] Li Y, Ye J Y, Wang T Q, et al. Augmenting bag-of-words: a robust contextual representation of spatiotemporal interest points for action recognition[J]. The Visual Computer, 2015, 31(10):1383-1394.

[76] Wold S, Esbensen K, Geladi P. Principal component analysis[J]. Chemometrics and Intelligent Laboratory Systems, 1987, 2(1): 37-52.

[77] Duda R O, Hart P E, Stork D G. Pattern classification[M]. New York: John Wiley & Sons, 2012.

[78] Scholkopf B, Smola A J, Muller K R. Kernel principal component analysis[C]// Proceedings of the 7th International Conference on Artificial Neural Networks, Lausanne, Switzerland, 1997: 583-588.

[79] Mika S, Ratsch G, Weston J, et al. Fisher discriminant analysis with kernels[C]// Proceedings of the 9th IEEE Workshop on Neural Networks for Signal Processing, Madison, WI, USA, 1999: 41-48.

[80] Tenenbaum J B, Silva V de, Langford J C. A global geometric framework for nonlinear dimensionality reduction[J]. Science, 2000, 290(5500): 2319-2323.

[81] Roweis S T, Saul L K. Nonlinear dimensionality reduction by locally linear embedding [J]. Science, 2000, 290(5500): 2323-2326.

[82] He X F, Yan S C, Hu Y X, et al. Learning a locality preserving subspace for visual recognition[C]// Proceedings of 9th IEEE International Conference on Computer Vision, Nice, France, 2003:385-392.

[83] 胡长勃，冯涛，马颂德，等. 基于主元分析法的行为识别[J]. 中国图像图形学报，2000，(10)：24-30.

[84] Bobick A F, Davis J W. The recognition of human movement using temporal templates [J]. IEEE Transactions on Pattern Analysis and Machine Intelligence, 2001, 23(3): 257-267.

[85] Liu J, Shah M, Kuipers B, et al. Cross-view action recognition via view knowledge transfer[C]// Proceedings of 2011 IEEE International Conference on Computer Vision and Pattern Recognition, Providence, RI, 2011:3209-3216.

[86] Schuldt C, Laptev I, Caputo B. Recognizing human actions: a local SVM approach [C]// Proceedings of 17th International Conference on Pattern Recognition, Cambridge, 2004: 32-36.

[87] Choi J, Jeon W J, Lee S. Spatio-temporal pyramid matching for sports videos[C]// Proceedings of the 1st ACM International Conference on Multimedia Information Retrieval, Vancouver, British Columbia, Canada, 2008: 291-297.

[88] Cortes C, Vapnik V. Support-vector networks[J]. Machine Learning, 1995, 20(3): 273-297.

[89] Oikonomopoulos A, Patras I, Pantic M. Spatiotemporal salient points for visual recognition of human actions [J]. IEEE Transactions on Systems, Man, and Cybernetics, Part B: Cybernetics, 2005, 36(3): 710-719.

[90] He W, Yow K C, Guo Y. Recognition of human activities using a multiclass relevance

vector machine[J]. Optical Engineering，2012，51(1)：1-13.

[91] Foroughi H，Naseri A，Saberi A，et al. An eigenspace-based approach for human fall detection using integrated time motion image and neural network[C]// Proceedings of the 9th International Conference on Signal Processing，Beijing，China，2008：1499-1503.

[92] Fiaz M K，Ijaz B. Vision based human activity tracking using artificial neural networks [C]// Proceedings of 2010 International Conference on Intelligent and Advanced Systems，Kuala Lumpur，Malaysia，2010:1-5.

[93] Ji S W，Xu W，Yang M，et al. 3D convolutional neural networks for human action recognition[J]. IEEE Transactions on Pattern Analysis and Machine Intelligence，2013，35(1)：221-231.

[94] Hinton G E，Osindero S，Teh Y. A fast learning algorithm for deep belief nets[J]. Neural Computation，2006，18(7)：1527-1554.

[95] Bengio Y，Lamblin P，Popovici D，et al. Greedy layer-wise training of deep networks [C]// Proceedings of the 20th Annual Conference on Neural Information Processing Systems，Vancouver，BC，Canada，2007:153-160.

[96] Nowozin S，Bakir G，Tsuda K. Discriminative subsequence mining for action classification[C]// 11th IEEE International Conference on Computer Vision，2007：1-8.

[97] Fathi A，Mori G. Action recognition by learning mid-level motion features[C]// Computer Vision and Pattern Recognition，2008：1-8.

[98] Yamato J，Ohya J，Ishii K. Recognizing human action in time-sequential images using hidden Markov model[C]// IEEE Computer Society Conference on Computer Vision and Pattern Recognition，1992：379-385.

[99] Ikizler N，Forsyth D A. Searching for complex human activities with no visual examples [J]. International Journal of Computer Vision，2008，80(3)：337-357.

[100] Caillette F，Galata A，Howard T. Real-time 3-D human body tracking using learnt models of behaviour[J]. Computer Vision and Image Understanding，2008，109(2)：112-125.

[101] Peursum P，Venkatesh S，West G. Tracking-as-recognition for articulated full-body human motion analysis[C]// Proceedings of 2007 IEEE International Conference on Computer Vision and Pattern Recognition，Minneapolis，MN，2007:1-8.

[102] 钱堃，马旭东，戴先中. 基于抽象隐马尔可夫模型的运动行为识别方法[J]. 模式识别与人工智能，2009(3)：433-439.

[103] Luo Y，Wu T D，Hwang J N. Object-based analysis and interpretation of human motion in sports video sequences by dynamic Bayesian networks[J]. Computer Vision and Image Understanding，2003，92 (2)：196-216.

[104] 任海兵. 非特定人自然的人体动作识别[D]. 北京：清华大学，2003.

[105] 刘法旺，贾云得. 基于流形学习与隐条件随机场的人体动作识别[J]. 软件学报，2008，19：69-77.

[106] Zhang J G, Gong S G. Action categorization with modified hidden conditional random field[J]. Pattern Recognition, 2010, 43(1): 197-203.

[107] Quattoni A, Collins M, Darrell T. Conditional random fields for object recognition [C]// Proceedings of the 18th Annual Conference on Neural Information Processing Systems, Vancouver, BC, Canada, 2005:1097-1104.

[108] Wang Y, Mori G. Max-margin hidden conditional random fields for human action recognition[C]// Proceedings of 2009 IEEE International Conference on Computer Vision and Pattern Recognition, Miami, FL, 2009:872-879.

[109] 黄天羽，石崇德，李凤霞，等. 一种基于判别随机场模型的联机行为识别方法[J]. 计算机学报，2009(2): 275-281.

[110] Weizmann dataset [DB]. http://www.wisdom.weizmann.ac.il/~vision/.

[111] Wang L, Suter D. Recognizing human activities from silhouettes: motion subspace and factorial discriminative graphical model[C]// IEEE Conference on In Computer Vision and Pattern Recognition, 2007: 1-8.

[112] Messing R, Pal C, Kautz H. Activity recognition using the velocity histories of tracked keypoints[C]// Proceedings of 12th IEEE International Conference on Computer Vision, Kyoto, Japan, 2009:104-111.

[113] Marszalek M, Laptev I, Schmid C. Actions in context [C]//Proceedings of 2009 Conference on Computer Vision and Pattern Recognition, Miami, FL, 2009: 1-8.

[114] Rodriguez M D, Ahmed J, Shah M. Action mach: a spatio-temporal maximum average correlation height filter for action recognition [C]//Proceedings of 2008 IEEE International Conference on Computer Vision and Pattern Recognition, Anchorage, AK, 2008: 1-8.

[115] Kennedy A L. DTO challenge workshop on large scale concept ontology for multimedia[J]. Revison of LSCOM Event/Activity Annotations, 2006:53-59.

[116] Li L, Hu W M, Li B, et al. Event recognition based on top-down motion attention [C]//International Conference on Pattern Recognition, 2010: 69-80.

[117] Kuehne H, Jhuang H, Garrote E, et al. Hmdb: a large video database for human motion recognition [C]//Proceedings of 2011 IEEE International Conference on Computer Vision, Barcelona, Spain, 2011: 2556-2563.

[118] Csurka G, Dance C, Fan L, et al. Visual categorization with bags of keypoints[C]// Proceedings of 2004 European Conference on Computer Vision Workshop on Statistical Learning in Computer Vision, Slovansky ostrov, Czech, 2004:1-22.

[119] van Gemert J C, Veenman C J, Smeulders A W, et al. Visual word ambiguity[J]. IEEE Transactions on Pattern Analysis and Machine Intelligence, 2010, 32(7): 1271-1283.

[120] Liu L Q, Wang L, Liu X W. In defense of soft-assignment coding[C]// Proceedings of 2011 IEEE International Conference on Computer Vision, Barcelona, Spain, 2011: 2486-2493.

[121] Lee H, Battle A, Raina R, et al. Efficient sparse coding algorithms[C]//Proceedings

of the 20th Annual Conference on Neural Information Processing Systems, Vancouver, BC, Canada, 2007:801-808.

[122] Yang J C, Yu K, Gong Y H, et al. Linear spatial pyramid matching using sparse coding for image classification [C]//Proceedings of 2009 IEEE International Conference on Computer Vision and Pattern Recognition, Miami, FL, 2009: 1794-1801.

[123] Olshausen B A, Field D J. Sparse coding with an overcomplete basis set: a strategy employed by V1? [J]. Vision Research, 1997, 37(23): 3311-3325.

[124] Wang J J, Yang J C, Yu K, et al. Locality-constrained linear coding for image classification[C]// Proceedings of 2010 IEEE International Conference on Computer Vision and Pattern Recognition, San Francisco, CA, United States, 2010:3360-3367.

[125] Lazebnik S, Schmid C, Ponce J. Beyond bags of features: spatial pyramid matching for recognizing natural scene categories[C]//Proceedings of 2006 IEEE International Conference on Computer Vision and Pattern Recognition, New York, United States, 2006:2169-2178.

[126] Matteo B, Gong S G, Xiang T. Recognising action as clouds of space-time interest points[C]//Proceedings of 2009 IEEE International Conference on Computer Vision and Pattern Recognition, Miami, FL, 2009:1948-1955.

[127] Savarese S, DelPozo A, Niebles J C, et al. Spatial-temporal correlations for unsupervised action classification[C]//Proceedings of 2008 IEEE Workshop on Motion and video Computing, 2008:1-8.

[128] Ryoo M S, Aggarwal J K. Spatio-temporal relationship match: video structure comparison for recognition of complex human activities[C]//Proceedings of 12th IEEE International Conference on Computer Vision, Kyoto, Japan, 2009:1593-1600.

[129] Kovashka A, Grauman K. Learning a hierarchy of discriminative space-time neighborhood features for human action recognition[C]//Proceedings of 2010 IEEE International Conference on Computer Vision and Pattern Recognition, San Francisco, CA, 2010:2046-2053.

[130] Bilinski P, Bremond F. Contextual statistics of space-time ordered features for human action recognition [C]// Proceedings of 9th IEEE International Conference on Advanced Video and Signal-Based Surveillance, Beijing, China, 2012:228-233.

[131] Wang J, Chen Z Y, Wu Y. Action recognition with multiscale spatio-temporal contexts[C]//Proceedings of 2011 IEEE International Conference on Computer Vision and Pattern Recognition, Providence, RI, 2011:3185-3192.

[132] Platt J C. Sequential minimal optimization: a fast algorithm for training support vector machine. Microsoft Research Technology Report MSR-TR-98-1 [R]. Microsoft, Redmond, Washington: 1998.

[133] Bishop C M. Pattern Recognition and MachineLearning [M]. New York: Springer, 2006.

[134] Crammer K, Singer Y. On the algorithmic implementation of multiclass kernel-based

vector machines[J]. The Journal of Machine Learning Research, 2002, 3(2): 265-292.

[135] Tsochantaridis I, Hofmann T, Joachims T, et al. Support vector machine learning for interdependent and structured output spaces[C]// Proceedings of the 21st International Conference on Machine Learning, Banff, Alta, Canada, 2004:823-830.

[136] Jhuang H, Serre T, Wolf L, et al. A biologically inspired system for action recognition [C]//Proceedings of 11th International Conference on Computer Vision, Rio de Janeiro, Brazil, 2007:1253-1260.

[137] Jiang Y G, Dai Q, Xue X Y, et al. Trajectory-based modeling of human actions with motion reference points[C]//Proceedings of 12th European Conference on Computer Vision, Florence, Italy, 2012:425-438.

[138] Jain M, Jegou H, Bouthemy P. Better exploiting motion for better action recognition [C]//Proceedings of 2013 IEEE International Conference on Computer Vision and Pattern Recognition, Portland, OR, 2013:2555-2562.

[139] Singh S, Gupta A, Efros A A. Unsupervised discovery of mid-level discriminative patches[C]//Proceedings of 12th European Conference on Computer Vision, Florence, Italy, 2012:73-86.

[140] Li L J, Su H, Xing E P, et al. Object bank: a high-level image representation for scene classification and semantic feature sparsification[C]//Proceedings of 24th Annual Conference on Neural Information Processing Systems, Vancouver, BC, Canada, 2010:1-9.

[141] Pandey M, Lazebnik S. Scene recognition and weakly supervised object localization with deformable part-based models[C]//Proceedings of 2011 IEEE International Conference on Computer Vision, Barcelona, Spain, 2011:1307-1314.

[142] Gupta A, Srinivasan P, Shi J B, et al. Understanding videos, constructing plots learning a visually grounded storyline model from annotated videos[C]//Proceedings of 2009 IEEE Workshop on Computer Vision and Pattern Recognition Workshops, Miami, FL, United States, 2009:2012-2019.

[143] Wang Y, Mori G. Hidden part models for human action recognition: probabilistic versus maxmargin[J]. IEEE Transactions on Pattern Analysis and Machine Intelligence, 2011, 33(7): 1310-1323.

[144] Xie Y L, Chang H, Li Z, et al. A unified framework for locating and recognizing human actions[C]//Proceedings of 2011 IEEE International Conference on Computer Vision and Pattern Recognition, Providence, RI, 2011:25-32.

[145] Sapienza M, Cuzzolin F, Torr P H S. Learning discriminative space-time action parts from weakly labelled videos[J]. International Journal of Computer Vision, 2014, 110(1): 30-47.

[146] Wang L M, Qiao Y, Tang X O. Motionlets: mid-level 3D parts for human motion recognition[C]. Proceedings of 2013 IEEE International Conference on Computer Vision and Pattern Recognition, Portland, OR, 2013:2674-2681.

[147] Zhang W Y, Zhu M L, Derpanis K G. From actemes to action: a strongly-supervised representation for detailed action understanding [C]//Proceedings of 2013 IEEE International Conference on Computer Vision, Sydney, NSW, 2013:2248-2255.

[148] Jain A, Gupta A, Rodriguez M, et al. Representing videos using mid-level discriminative patches[C]//Proceedings of 2013 IEEE International Conference on Computer Vision and Pattern Recognition, Portland, OR, 2013:2571-2578.

[149] Felzenszwalb P F, Girshick R B, McAllester D, et al. Object detection with discriminatively trained part-based models[J]. IEEE Transactions on Pattern Analysis and Machine Intelligence, 2010, 32(9): 1627-1645.

[150] Shapovalova N, Vahdat A, Cannons K, et al. Similarity constrained latent support vector machine: an application to weakly supervised action classification [C]// Proceedings of the 12th European Conference on Computer Vision, Florence, Italy, 2012:55-68.

[151] Duchi J, Singer Y. Efficient learning using forward-backward splitting [C]// Proceedings of 23rd Annual Conference on Neural Information Processing Systems, Vancouver, BC, Canada, 2009:495-503.

[152] Lan T, Wang Y, Mori G. Discriminative figure-centric models for joint action localization and recognition[C]//Proceedings of 2011 IEEE International Conference on Computer Vision, Barcelona, Spain, 2011:2003-2010.

[153] Candes E, Li X D, Ma Y, et al. Robust principal component analysis? [C]//Journal of the ACM, 58(3), 2011: 111-137.

[154] Wright J, Ganesh A, Rao S, et al. Robust principal component analysis: exact recovery of corrupted low-rank matrices via convex optimization[C]//Advances in Neural Information Processing Systems, 2009: 2080-2088.

[155] Natarajan B K. Sparse approximate solutions to linear systems[J]. SIAM Journal on Computing, 1995, 24(2): 227-234.

[156] Cai J F, Candes E J, Shen Z W. A singular value thresholding algorithm for matrix completion[C]//SIAM Journal on Optimization, 2008, 20(4): 1956-1982.

[157] Lin Z C, Ganesh A, Wright J. Fast convex optimization algorithms for exact recovery of a corrupted low-rank matrix[J]. Computational Advances in Multi-Sensor Adaptive Processing (CAMSAP), 2009, 61: 101-123.

[158] Lin Z C, Chen M M, Ma Y. The augmented Lagrange multiplier method for exact recovery of corrupted low-rank matrices [J]. ArXiv preprint arxiv, 2010, 5:123-136.

[159] Bouwmans T, Zahzah E H. Robust PCA via principal component pursuit: a review for a comparative evaluation in video surveillance [J]. Computer Vision and Image Understanding, 2014, 122: 22-34.

[160] Zhang C C, Liu R S, Qiu T S, et al. Robust visual tracking via incremental low-rank features learning[J]. Neurocomputing, 2014, 131: 237-247.

[161] Luan X, Fang B, Liu L H, et al. Extracting sparse error of robust PCA for face recognition in the presence of varying illumination and occlusion [J]. Pattern

Recognition, 2014, 47(2): 495-508.

[162] 王聪. 基于视频特征的图像配准算法的研究[D]. 北京:北京理工大学,2015.

[163] 李响, 谭南林, 李国正, 等. 基于 Zernike 矩的人眼定位与状态识别[J]. 电子测量与仪器学报, 2015, 29(3): 390-398.

[164] Bosch A, Zisserman A, Munoz X. Representing shape with a spatial pyramid kernel [C]//Proceedings of the 6th ACM International Conference on Image and Video Retrieval, 2007: 401-408.

[165] Gernimo D, Lopez A, Ponsa D, et al. Haar wavelets and edge orientation histograms for on-board redestrian detection[C]//Lecture Notes in Computer Science, 2007: 418-425.

[166] Li Y, Ye J Y, Wang T Q, et al. Learning discriminative and representative spatio-temporal part detectors automatically for action recognition[J]. ICIC Express Letters, 2015, 9(8): 2263-2269.

[167] Tran K N, Kakadiaris I A, Shah S K. Part-based motion descriptor image for human action recognition[J]. Pattern Recognition, 2012, 45:2562-2572.

[168] Meng Y, Zhang D, Xiang C F, et al. Fisher discrimination dictionary learning for sparse representation [C]//Proceedings of 2011 IEEE International Conference on Computer Vision, Barcelona, Spain, 2011: 543-550.

[169] 段菲, 章毓晋. 一种面向稀疏表示的最大间隔字典学习算法[J]. 清华大学学报(自然科学版), 2012,(4): 566-570.

[170] Zhang L, Yang M, Feng X C. Sparse representation or collaborative representation: which helps face recognition? [C]//Proceedings of 2011 IEEE International Conference on Computer Vision, Barcelona, Spain, 2011:471-478.

[171] 朱杰, 杨万扣, 唐振民. 基于字典学习的核稀疏表示人脸识别方法[J]. 模式识别与人工智能, 2012,(05): 859-864.

[172] Zhang Q A, Li B X. Discriminative K-SVD for dictionary learning in face recognition [C]//Proceedings of 2010 IEEE International Conference on Computer Vision and Pattern Recognition, San Francisco, CA, 2010: 2691-2698.

[173] Bao C L, Cai J F, Ji H. Fast sparsity-based orthogonal dictionary learning for image restoration[C]//Proceedings of 2013 IEEE International Conference on Computer Vision, Sydney, Australia, 2013: 3384-3391.

[174] 冯亮, 王平, 许廷发, 等. 运动模糊退化图像的双字典稀疏复原[J]. 光学精密工程, 2011,(08): 1982-1989.

[175] Elad M, Aharon M. Image denoising via sparse and redundant representations over learned dictionaries[J]. IEEE Transactions on Image Processing, 2006, 15(12): 3736-3745.

[176] 李民, 李世华, 乐翔, 等. 基于学习字典的图像修复算法[J]. 仪器仪表学报, 2011, (09): 2041-2048.

[177] Kong S, Wang D H. A dictionary learning approach for classification: separating the particularity and the commonality[C]//Proceedings of the 12th European Conference

on Computer Vision, Florence, Italy, 2012:186-199.

[178] Zhang S P, Yao H X, Sun X, et al. Action recognition based on overcomplete independent componentsanalysis[J]. Information Sciences, 2014, 281: 635-647.

[179] Peng X J, Wang L M, Qiao Y, et al. A joint evaluation of dictionary learning and feature encoding for action recognition [C]//Proceedings of 22nd International Conference on Pattern Recognition, Stockholm, Sweden, 2014:2607-2612.

[180] Zhu Y, Zhao X, Fu Y, et al. Sparse coding on local spatial-temporal volumes for human action recognition[C]//Proceedings of 10th Asian Conference on Computer. Vision, Queenstown, Newzealand, 2010: 660-671.

[181] Wang H R, Yuan C F, Hu W M, et al. Supervised class-specific dictionary learning for sparse modeling in action recognition [J]. Pattern Recognition, 2012, 45 (11): 3902-3911.

[182] Jiang Z L, Lin Z, Davis L S. Label consistent K-SVD: learning a discriminative dictionary for recognition[J]. IEEE Transactions on Pattern Analysis and Machine Intelligence, 2013, 35(11): 2651-2664.

[183] Sadanand S, Corso J J. Action bank: a high-level representation of activity in video [C]//Proceedings of 2012 IEEE International Conference on Computer Vision and Pattern Recognition, Providence, RI, 2012:1234-1241.

[184] Rubinstein R, Zibulevsky M, Elad M. Double sparsity: learning sparse dictionaries for sparse signal approximation[J]. IEEE Transaction on Signal Processing, 2010, 58(3): 1553-1564.

[185] Zhu W T, Vang Y S, Huang Y F, et al. DeepEM: Deep 3D ConvNet with EM for weakly supervised pulmonary nodule detection [C]// International Conference on Medical Image Computing & Computer Assisted Intervention. 2018:3-9.

[186] Gimeno P, Ribas D, Ortega A, et al. Convolutional recurrent neural networks for speech activity detection in naturalistic audio from Apollo missions[C]// Iberspeech 2021:7-12.

[187] Liu Y, Ma R D, Li H, et al. RGB-D human action recognition of deep feature enhancement and fusion using two-stream ConvNet[J]. Journal of Sensors, 2021: 14-20.

[188] Choi W, Hong S, Abrahamson J T, et al. Chemically driven carbon-nanotube-guided thermopower waves[J]. Nature Materials, 2010, 9(5):42-49.

[189] Zhao C, Shuai R J, Ma L, et al. Segmentation of dermoscopy images based on deformable 3D convolution and ResU-NeXt++ [J]. Medical & Biological Engineering & Computing, 2021:1-18.

[190] Zhu A C. Pose-guided inflated 3D ConvNet for action recognition in videos[J]. Signal Processing Image Communication, 2020, 9(5):23-29.

[191] Shi X G, Chen Z R, Wang H, et al. Convolutional LSTM network: a machine learning approach for precipitation nowcasting[J]. MIT Press, 2015:5-7.

[192] Bello I. Lambda networks: modeling long-range interactions without attention[J].

International Conference on Learing Representations, 2021, 9(5):43-49.

[193] Li Y H, Yao T, Pan Y W, et al. Contextual transformer networks for visual recognition[J]. IEEE Transactions on Pattern Analysis and Machine Intelligence, 2021:45-50.

[194] Luo K M, Wang C, Liu S C, et al. UPFlow: upsampling pyramid for unsupervised optical flow learning [J]. IEEE Conference on Computer Vision and Pattern Recognition, 2020,24(8):4.

[195] Deng J, Dong W, Socher R, et al. ImageNet: a large-scale hierarchical image database [J]. Proceedings of IEEE Conference on Computer Vision and Pattern Recognition, 2009, 21(9):3.

[196] Maronikolakis A, Dufter P, Schütze H. Wine is not v in-on the compatibility of tokenizations across languages[J]. Munich: Ludwig Maximilian University, 2021, 2(1):12-18.

[197] Rensink R A. Visualization as a stimulus domain for vision science[J]. Journal of Vision, 2021, 21(8):3.

[198] Jiang W H, Xie Z Z, Li Y Y, et al. LRNNet: A light-weighted network with efficient reduced non-local operation for real-time semantic segmentation [J]. IEEE International Conference on Multimedia and Expo Workshops, London, United Kingdom, 2020:1-6.

[199] Bello I, Zoph B, Vaswani A, et al. Attention augmented convolutional networks[J]. IEEE International Conference on Computer Vision, 2019:10-15.

[200] Zang H X, Xu R Q, Cheng L L, et al. Residential load forecasting based on LSTM fusing self-attention mechanism with pooling[J]. Energy, 2021:2-8.

[201] Ramachandran P, Parmar N, Vaswani A, et al. Stand-alone self-attention in vision models[C]// Neural Information Processing Systems. 2019:16-21.

[202] Zhao H S, Jia J Y, V Koltun. Exploring self-attention for image recognition[J]. IEEE Conference on Computer Vision and Pattern Recognition, 2020, 3(1): 21-26.

[203] Ji S W, Xu W, Yang M, et al. 3D convolutional neural networks for automatic human action recognition [J]. IEEE Transactions on Pattern Analysis and Machine Intelligence, 2013, 35(1):221-231.

[204] Taylor G W, Fergus R, LeCun Y, et al. Convolutional learning of spatio-temporal features [C]//European Conference on Computer Vision. Springer, Berlin, Heidelberg, 2010:12-15.

[205] Karpathy A, Toderici G, Shetty S, et al. Large-scale video classification with convolutional neural networks[C]//Proceedings of the IEEE conference on Computer Vision and Pattern Recognition, 2014:15-20.

[206] Simonyan K, Zisserman A. Two-stream convolutional networks for action recognition in videos[J]. Proceedings of 27th International Conference on Netural Information Processing Systems, MIT Press, Cambridge, MA, 2014,1:568-576.

[207] Wang L M, Xiong Y J, Wang Z, et al. Temporal segment networks: towards good

practices for deep action recognition[J]. Proceedings of 2016 European Conference on Computer Vision, Springer, Cham, 2016: 36-43.

[208] He K M, Zhang X Y, Ren S Q, et al. Identity mappings in deep residual networks [M]. New York:Springer, Cham, 2016:5-9.

[209] Wang H, Schmid C. Action recognition with improved trajectories [C]// IEEE International Conference on Computer Vision, 2014: 45-50.

[210] Wang H, Schmid C. LEAR-INRIA submission for the THUMOS workshop [J]. International Conference on Computer Vision, 2013:7-11.

[211] Simonyan K, Zisserman A. Two-stream convolutional networks for action recognition in videos[J]. Advances in Neural Information Processing Systems, 2014:4-6.

[212] Wang L M, Xiong Y J, Wang Z, et al. Temporal segment networks for action recognition in videos [J]. IEEE Transactions on Pattern Analysis and Machine Intelligence, 2020:2-7.

[213] Liu J, Wang G, Duan L Y, et al. Skeleton-based human action recognition with global context-aware attention LSTM networks[J]. IEEE Transactions on Image Processing, 2018, 27(99):15-19.

[214] Hassan E. Learning video actions in two stream recurrent neural network[J]. Pattern Recognition Letters, 2021,151:200-208.

[215] Tran D, Bourdev L, Fergus R, et al. Learning spatiotemporal features with 3D convolutional networks [J]. IEEE International Conference on Computer Vision, 2015:3-10.

[216] Diba A, Fayyaz M, Sharma V, et al. Temporal 3D ConvNet: new architecture and transfer learning for video classification[J]. 2017:4-15.